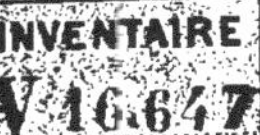

N° D'ORDRE
25

# THÈSES

PRÉSENTÉES

## A LA FACULTÉ DES SCIENCES DE PARIS

POUR

## LE DOCTORAT ÈS SCIENCES MATHÉMATIQUES

Par M. A. PICART,

AGRÉGÉ, PROFESSEUR AU LYCÉE IMPÉRIAL CHARLEMAGNE,
ANCIEN ÉLÈVE DE L'ÉCOLE NORMALE.

1re **THÈSE.** — ESSAI D'UNE THÉORIE GÉOMÉTRIQUE DES SURFACES.
2e **THÈSE.** — PROPOSITIONS DE MÉCANIQUE DONNÉES PAR LA FACULTÉ.

Soutenues le          1863, devant la Commission
d'Examen

MM. CHASLES, *Président*;
DELAUNAY,   *Examinateurs*.
PUISEUX,

# PARIS,

## MALLET-BACHELIER, IMPRIMEUR-LIBRAIRE

DE L'ÉCOLE IMPÉRIALE POLYTECHNIQUE, DU BUREAU DES LONGITUDES,
Quai des Augustins, 55.

1863

# THÈSES

PRÉSENTÉES

## A LA FACULTÉ DES SCIENCES DE PARIS

POUR

LE DOCTORAT ÈS SCIENCES MATHÉMATIQUES,

### Par M. A. PICART,

Agrégé, Professeur au lycée impérial Charlemagne,
Ancien Élève de l'École Normale.

1ʳᵉ THÈSE. — Essai d'une théorie géométrique des surfaces.
2ᵉ THÈSE. — Propositions de mécanique données par la Faculté.

Soutenues le          1863, devant la Commission
d'Examen.

MM. CHASLES, *Président.*
DELAUNAY, ⎱
PUISEUX,  ⎰ *Examinateurs.*

## PARIS,

### MALLET-BACHELIER, IMPRIMEUR-LIBRAIRE

DE L'ÉCOLE IMPÉRIALE POLYTECHNIQUE, DU BUREAU DES LONGITUDES,
Quai des Augustins, 55.

1863.

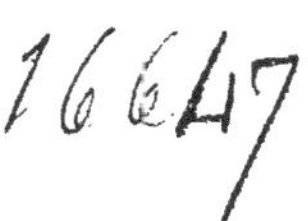

# ACADÉMIE DE PARIS.

## FACULTÉ DES SCIENCES DE PARIS.

**DOYEN**...................... MILNE EDWARDS, Professeur. Zoologie, Anatomie, Physiologie.

**PROFESSEUR HONORAIRE**... PONCELET.

**PROFESSEURS**...............

DUMAS................. Chimie.
N....................... Physique.
DELAFOSSE............. Minéralogie.
BALARD................ Chimie.
LEFÉBURE DE FOURCY... Calcul différentiel et intégral.
CHASLES................ Géométrie supérieure.
LE VERRIER............ Astronomie.
DUHAMEL............... Algèbre supérieure.
N...................... Anatomie, Physiologie comparée, Zoologie.
LAMÉ.................. Calcul des probabilités, Physique mathématique.
DELAUNAY.............. Mécanique physique.
C. BERNARD............ Physiologie générale.
P. DESAINS............ Physique.
LIOUVILLE............. Mécanique rationnelle.
HÉBERT................ Géologie.
PUISEUX............... Astronomie.
DUCHARTRE............ Botanique.

**AGRÉGÉS**..................
BERTRAND.............. } Sciences mathématiques.
J. VIEILLE............. }
PELIGOT............... Sciences physiques.

**SECRÉTAIRE**................ E. PREZ-REYNIER.

PARIS. — IMPRIMERIE DE MALLET-BACHELIER, RUE DE SEINE-SAINT-GERMAIN, 10, PRÈS L'INSTITUT.

# PREMIÈRE THÈSE.

## ESSAI D'UNE THÉORIE GÉOMÉTRIQUE DES SURFACES.

### PREMIÈRE PARTIE.

ÉTUDE DE LA FORME GÉNÉRALE D'UNE SURFACE AUTOUR DE CHAQUE POINT.

La forme d'une surface est caractérisée en chaque point par la courbure des sections planes qui passent en ce point, et par la position relative des normales infiniment voisines menées à la surface autour de ce point.

*Loi suivant laquelle varie la courbure des sections normales en un point d'une surface. — Formule d'Euler.*

1. La courbure variant d'une manière continue autour du point A, nous pouvons prendre deux sections normales AX, AY (*fig.* 1) qui aient la même courbure.

Menons un plan parallèle au plan tangent en A, à une distance infiniment petite. Ce plan rencontre AX, AY aux points B et C, et la normale AZ au point P. Les deux lignes AX, AY ayant la même courbure en A, PB est égal à PC. Par les points B et C, menons un plan perpendiculaire au plan BPC; ce plan détermine dans la surface une section RS. Imaginons enfin la section normale AT dont le plan est bissecteur de l'angle BPC, et qui rencontre RS au point K.

Désignons par R le rayon de courbure de la section AT en A, et par R' le rayon de courbure en K de la section perpendiculaire RS; ce dernier rayon diffère infiniment peu de celui de la section normale perpendiculaire à AT et passant par le point A.

Soit une section normale quelconque AV dont nous désignerons le rayon de courbure par *r*. Du point M, intersection de AV et RS, abaissons la perpendiculaire MQ sur la normale AZ et la perpendiculaire MI sur le plan BPC.

Nous avons

$$\overline{QM}^2 = 2\,r.AQ,$$

ou

$$(a) \qquad \overline{PI}^2 = 2\,r(AP - MI).$$

Soit PH la trace du plan bissecteur sur le plan BPC : cette droite est perpendiculaire sur la corde BC, et l'angle IPH est l'angle que forme la section normale AV avec la section AT. Désignons cet angle par $\alpha$. Nous avons

$$\overline{PI}^2 = \frac{\overline{PH}^2}{\cos^2 \alpha}$$

et

$$AP - MI = AP - HK + HK - MI;$$

or

$$AP - HK = AG = \frac{\overline{KG}^2}{2R} = \frac{\overline{PH}^2}{2R},$$

$$HK - MI = OK = \frac{\overline{MO}^2}{2R'} = \frac{\overline{HI}^2}{2R'} = \frac{\overline{PH}^2 \tan^2 \alpha}{2R'},$$

d'où

$$AP - MI = \frac{\overline{PH}^2}{2R} + \frac{\overline{PH}^2 \tan^2 \alpha}{2R'}.$$

Portant les valeurs de $\overline{PI}^2$, AP — MI dans l'égalité $(a)$, nous obtenons

$$\frac{\overline{PH}^2}{\cos^2 \alpha} = 2\,r \left( \frac{\overline{PH}^2}{2R} + \frac{\overline{PH}^2 \tan^2 \alpha}{2R'} \right),$$

ou, en réduisant,

$$(1) \qquad \frac{1}{r} = \frac{\cos^2 \alpha}{R} + \frac{\sin^2 \alpha}{R'}.$$

Il résulte de là qu'en un point d'une surface il existe deux sections normales rectangulaires dont les rayons de courbure sont maximum et minimum. Ces sections sont appelées *sections principales*. Le rayon de courbure *r* d'une section normale quelconque est lié aux rayons de courbure R et R' des sections principales par la relation

$$\frac{1}{r} = \frac{\cos^2\alpha}{R} + \frac{\sin^2\alpha}{R'}$$

dans laquelle $\alpha$ désigne l'angle que forme la section normale considérée avec la section principale de rayon R.

*Remarque.* — Nous avons supposé les rayons de courbure des sections principales dirigés dans le même sens. S'ils étaient dirigés en sens contraire, il faudrait donner à R et R' dans la formule des signes différents, et le rayon $r$ serait dirigé dans un sens ou dans l'autre, suivant qu'il serait positif ou négatif.

Indicatrice.

2. Le plan BPC détermine sur la surface une courbe infiniment petite qu'on appelle l'*indicatrice* de la surface au point A.

Il est facile d'obtenir son équation en coordonnées polaires.

Prenons PH pour axe; désignons par $u$ le rayon vecteur PN, par $\alpha$, comme précédemment, l'angle HPN, et posons $2\,AP = h$.

La relation $\overline{PN}^2 = 2\,r\,.AP$, jointe à la formule d'Euler, donne

$$(2) \qquad u^2 = \frac{h}{\dfrac{\cos^2\alpha}{R} + \dfrac{\sin^2\alpha}{R'}}.$$

C'est là l'équation polaire d'une ligne du second ordre qui a son centre en P sur la normale A$z$ et dont les axes, dirigés suivant les sections principales, ont pour longueurs $2\sqrt{hR}$, $2\sqrt{hR'}$; elle représente une ellipse, si R et R' sont de même signe, et une hyperbole si R et R' sont de signes contraires. Lorsque l'un des rayons est infini, l'indicatrice se réduit à un système de deux droites parallèles infiniment voisines.

*Le rayon de courbure d'une section normale est proportionnel au carré du rayon vecteur correspondant de l'indicatrice.* Cette courbe *indique* donc les variations de la courbure des sections normales, autour du point A. De là le nom donné à cette ligne par M. Dupin, qui, le premier, en introduisit la considération dans l'étude des surfaces.

*Remarque.* — Lorsque R et R' sont de signes contraires, il y a deux directions pour lesquelles le rayon de courbure $r$ est infini : ce sont les directions des asymptotes de l'indicatrice; elles correspondent aux valeurs de $\alpha$ données par la formule

$$\tan\alpha = \pm \sqrt{\dfrac{-R'}{R}}\,.$$

### *Courbure d'une section quelconque. — Théorème de Meunier.*

3. Le rayon de courbure d'une section quelconque de la surface en un point se déduit aisément du rayon de courbure de la section normale qui lui est tangente en ce point.

Soient AR une section plane quelconque et AS la section normale qui lui est tangente en A. Désignons par $\gamma$ l'angle (*fig.* 2) que forment les plans de ces sections, par $r$ le rayon de courbure de la section normale, et par $r'$ celui de la section oblique. Prenons sur la tangente commune AT un point M infiniment voisin de A et menons les perpendiculaires MN, MH à cette tangente jusqu'à la rencontre des deux sections. Nous avons

$$r = \frac{\overline{AM}^2}{2\,MN}, \quad r' = \frac{\overline{AM}^2}{2\,MH}.$$

Menons HN. Le triangle infiniment petit MNH, dans lequel l'angle NMH $= \gamma$ et l'angle MNH diffère infiniment peu de l'angle droit, donne la relation

$$MN = MH \cos\gamma,$$

d'où

$$r' = r\cos\gamma.$$

Ainsi, *le rayon de courbure de la section oblique* AR *est la projection sur le plan de cette section du rayon de courbure de la section normale* AS.

### *Théorème de Hachette.*

4. Considérons deux surfaces S, $S_1$ qui se coupent suivant une courbe $\sigma$. Par un point M de cette courbe menons un plan tangent à chacune des surfaces. Le plan tangent à la surface S coupera la surface $S_1$ suivant une courbe $s_1$, et le plan tangent à la surface $S_1$ coupera la surface $s$ suivant une courbe $s$. Quelle est la relation qui existe entre la courbure de la courbe $\sigma$ et celle des deux sections $s$ et $s_1$? Soient O, $O_1$ (*fig.* 3) les centres de courbure des sections normales tangentes en M à la courbe d'intersection $\sigma$. Comme le centre de courbure de cette dernière courbe doit être la projection, sur son plan osculateur, des centres de courbure O et $O_1$, le plan osculateur de cette

courbe doit être perpendiculaire à $OO_1$, et le point N où ce plan rencontre $OO_1$ est le centre de courbure de la courbe. Les rayons de courbure des courbes $s$ et $s_1$ sont dirigés suivant les droites MP, $MP_1$ respectivement perpendiculaires à $MO_1$ et $MO$, et leurs centres de courbure sont les pieds des perpendiculaires abaissées des points O et $O_1$ sur ces deux droites.

Les triangles semblables OMP, $O_1MP_1$ donnent

$$\frac{MP}{MP_1} = \frac{OM}{O_1M} = \frac{\sin NMP}{\sin NMP_1}$$

ou

$$\frac{1}{MP_1} : \frac{1}{MP} = \sin NMP : \sin NMP_1.$$

Les deux triangles OMN, OMP donnent

$$MN = OM . \sin NMP_1, \quad MP = OM . \sin PMP_1,$$

d'où

$$\frac{1}{MP} : \frac{1}{MN} = \sin NMP_1 : \sin PMP_1 ;$$

donc

$$\frac{1}{MP_1} : \frac{1}{MP} : \frac{1}{MN} = \sin NMP : \sin NMP_1 : \sin PMP_1.$$

*La courbure de chacune des trois courbes et le sinus de l'angle formé par les rayons de courbure des deux autres sont dans un rapport constant. Donc, si l'on porte sur les rayons MP, $MP_1$ des courbes $s$, $s_1$ des longueurs qui représentent les courbures de ces courbes, la diagonale du parallélogramme construit sur ces deux longueurs représentera en grandeur et en direction la courbure de la courbe $\sigma$.*

*Lignes de courbure.*

5. Les normales à la surface S, aux différents points de l'indicatrice, se projettent sur le plan de cette courbe suivant des droites qui lui sont normales. Or, dans une courbe du second ordre, il n'y a que les normales aux sommets qui passent par le centre. Donc, sur la surface il n'y a autour du point A que deux directions pour lesquelles la normale en A soit rencontrée par la normale infiniment voisine. Ces deux directions sont *rectangulaires ;* ce sont celles des sections principales.

De là on déduit facilement l'existence sur la surface de deux séries de lignes orthogonales le long desquelles deux normales infiniment voisines se rencontrent. Ces lignes ont été appelées par Monge *lignes de courbure.*

Les normales à la surface le long d'une ligne de courbure forment une surface développable dont l'arête de rebroussement est le lieu des centres de courbure des sections principales de la surface dirigées suivant les éléments successifs de la ligne de courbure. Les arêtes de rebroussement relatives aux différentes lignes de courbure des deux systèmes forment une surface à deux nappes qui est le lieu des centres de courbure de toutes les sections principales. Nous ne nous arrêterons pas aux propriétés bien connues de cette surface.

*Distribution des normales à une surface autour d'un point. — Torsion géodésique d'une ligne tracée sur la surface.*

6. Le plan d'une section principale de la surface en un point contient la normale à la surface au point infiniment voisin pris sur la section. Il n'en est pas de même pour une section normale quelconque. Proposons-nous de trouver l'angle que forme la normale à la surface, en un point N infiniment voisin de A, avec le plan de la section normale en A qui passe par le point N (*fig.* 4).

La normale NS se projette en NP′ sur le plan de la section normale NAZ : P′NS est l'angle qu'il s'agit de déterminer. Désignons-le par $d\omega$; AP′ est le rayon de courbure $r$ de la section normale. Soit NG la normale en N à l'indicatrice : elle est la projection sur le plan de cette courbe de la normale NS. Par le point P′ menons la perpendiculaire P′K′ au plan NAZ jusqu'à la rencontre de NS, et par le point P la perpendiculaire PK au rayon vecteur PN jusqu'à la rencontre de NG. Le triangle NP′K′ donne

$$d\omega = \frac{P'K'}{r} = \frac{PK}{r},$$

PK est la sous-normale de l'indicatrice, relative au point N. Or, on sait que la sous-normale, en coordonnées polaires, est la dérivée du rayon vecteur par rapport à l'argument. Nous avons désigné le rayon vecteur de l'indicatrice par $u$, et l'argument compté à partir de la section principale de rayon R par $\alpha$ ; donc

$$d\omega = \frac{1}{r} \cdot \frac{du}{d\alpha}.$$

En différentiant l'équation de l'indicatrice par rapport à $\alpha$, on obtient

$$\frac{du}{d\alpha} = \frac{u \sin \alpha \cos \alpha \left( \dfrac{1}{R} - \dfrac{1}{R'} \right)}{\dfrac{\cos^2 \alpha}{R} + \dfrac{\sin^2 \alpha}{R'}};$$

d'ailleurs

$$\frac{1}{r} = \frac{\cos^2 \alpha}{R} + \frac{\sin^2 \alpha}{R'};$$

donc

$$(4) \qquad d\omega = u \sin \alpha \cos \alpha \left( \frac{1}{R} - \frac{1}{R'} \right).$$

Cette formule a été donnée pour la première fois par M. Bertrand.

L'angle $d\omega$ est positif ou négatif, suivant que la normale NS est située, par rapport au plan NAZ, du côté où croît l'angle $\alpha$, ou du côté opposé.

Si AN est l'élément $ds$ d'une ligne passant par le point A, nous appellerons *torsion géodésique* de cette ligne au point A le rapport $\frac{d\omega}{ds}$, et *angle de torsion géodésique* la quantité $d\omega$.

Cet angle est nul, comme nous le savions déjà, pour $\alpha = n \cdot \frac{\pi}{2}$ ($n$ étant un nombre entier quelconque). Il est maximum en valeur absolue pour $\alpha = \frac{\pi}{4} + n \cdot \frac{\pi}{2}$. Il a la même valeur, au signe près, pour deux directions rectangulaires.

*Angle de deux normales infiniment voisines. — Diverses formules.*

7. Menons par le point N une parallèle NQ à la normale AZ (*fig.* 4). L'angle des deux normales infiniment voisines AZ et NS est SNQ. Désignons cet angle par $d\theta$. L'angle trièdre rectangle, dont les arêtes sont NP', NS, NQ, donne

$$(5) \qquad d\theta^2 = d\omega^2 + \frac{ds^2}{r^2}.$$

Remplaçant $d\omega^2$ et $\frac{1}{r^2}$ par leurs valeurs ci-dessus, on obtient

$$(6) \qquad d\theta^2 = ds^2 \left( \frac{\cos^2 \alpha}{R^2} + \frac{\sin^2 \alpha}{R'^2} \right).$$

L'angle PNG mesure l'angle dièdre $\widehat{NQ}$. Il est le complément de l'angle aigu $\varphi$ que forme PN avec la tangente NT. Le trièdre, déjà considéré précédemment, donne

$$(7) \qquad d\theta = \frac{ds}{r \sin \varphi}$$

et

$$(8) \qquad d\omega = \pm \frac{ds}{r \, \text{tang} \, \varphi}.$$

$$(8') \qquad d\omega = \pm \, d\theta \cos \varphi.$$

Remarquons que pour la valeur de $\alpha$, donnée par la relation

$$\text{tang} \, \alpha = \sqrt{\frac{\pm R'}{R}},$$

l'angle $d\theta$ est égal à

$$ds \sqrt{\frac{1}{\pm RR'}}.$$

*Plus courte distance de deux normales infiniment voisines. — Pôle et distance polaire : théorèmes de Joachimsthal.*

8. Abaissons du point P la perpendiculaire PH sur la droite NG (*fig.* 4). PH est la longueur $\lambda$ de la plus courte distance des deux normales AZ et NS. Le triangle PNH donne

$$(9) \qquad \lambda = ds \cos \varphi.$$

Or

$$\cos \varphi = \pm \frac{d\omega}{d\theta};$$

donc

$$(10) \qquad \lambda = \pm \frac{ds \, . \, d\omega}{d\theta} = \frac{ds \, . \sin \alpha \cos \alpha \left( \frac{1}{R} - \frac{1}{R'} \right)}{\sqrt{\frac{\cos^2 \alpha}{R^2} + \frac{\sin^2 \alpha}{R'^2}}}.$$

Le maximum de $\lambda$ correspond au minimum de $\varphi$. Il est donné par la valeur de $\alpha$, dont la tangente est égale au module de $\sqrt{\frac{R'}{R}}$.

On obtient le pied P″ de la plus courte distance en menant par le point H une parallèle HH′ à AZ, jusqu'à la rencontre de NS, et par le point H′ une parallèle à HP. Nous appellerons, avec Joachimsthal, ce point P″ *pôle* de l'élément *ds*, et sa distance P″A à la surface *distance polaire* de cet élément.

Représentons cette distance par $\Delta$. Le triangle NHH′ donne

$$\Delta = \frac{ds \sin \varphi}{d\theta},$$

$$( \ 11 \ )$$

mais

$$d\theta = \frac{ds}{r \sin \varphi};$$

donc

$$(11) \qquad \Delta = r \sin^2 \varphi.$$

On déduit facilement de là :

1° *Que les distances polaires de deux éléments conjugués sont entre elles comme les rayons des sections normales correspondantes;*

2° *Que pour deux éléments conjugués, la somme des valeurs réciproques des distances polaires est constante, et, par suite, les pôles de six éléments conjugués deux à deux sont six points en involution.*

Si, dans la formule (11), on remplace $r$ et $\sin \varphi$ par leurs valeurs en fonction de $\alpha$, on obtient

$$(12) \qquad \Delta = \frac{\dfrac{\cos^2 \alpha}{R} + \dfrac{\sin^2 \alpha}{R'}}{\dfrac{\cos^2 \alpha}{R^2} + \dfrac{\sin^2 \alpha}{R'^2}}.$$

*Tangentes conjuguées. — Théorème de M. Dupin.*

9. Considérons les plans tangents à la surface en deux points infiniment voisins A et N ( *fig.* 4). Ces plans se coupent suivant une droite perpendiculaire à la fois aux deux normales AZ et NS. Or la tangente à l'indicatrice en N est perpendiculaire à la fois sur AZ et NS; donc l'intersection des plans tangents à la surface en A et N est parallèle à cette tangente. Mais cette tangente est parallèle au diamètre conjugué de PN ; donc enfin

*La droite AN qui joint les points de contact de deux plans tangents infiniment voisins et l'intersection de ces plans sont parallèles à deux diamètres conjugués de l'indicatrice relative au point A.*

En d'autres termes, *si une surface développable est circonscrite à une surface quelconque, l'élément de la courbe de contact et la génératrice correspondante ont des directions conjuguées sur la surface.*

*Autre expression de l'angle de torsion géodésique. — Conséquences.*

10. Soient ABC ( *fig.* 5) une courbe quelconque tracée sur la surface, AM la normale en A, AP la projection de AM sur le plan osculateur de la courbe en A, BN la normale infiniment voisine, BQ la projection de BN sur le plan

osculateur de la courbe en B; BO l'intersection du plan NBQ avec le plan MAB ; BR l'intersection de ce même plan avec le plan osculateur PAB.

NBO est l'angle de torsion géodésique $d\omega$; RBQ est l'angle des deux plans osculateurs : nous l'appellerons $d\gamma$; NBQ est l'angle que le plan osculateur en B forme avec la normale BN, et OBR l'angle que forme le plan osculateur en A avec la normale AM : nous les désignerons par $\varepsilon_1$ et $\varepsilon$, et, pour fixer le signe de tous ces angles, nous ferons la convention suivante.

Imaginons trois axes rectangulaires $Ox$, $Oy$, $Oz$, le premier $Ox$ dirigé suivant l'élément AB de la courbe considérée, le troisième $Oz$ suivant la normale intérieure à la surface, et le second $Oy$ dirigé, par rapport aux deux autres, comme est dirigé l'axe des $y$ par rapport à l'axe des $x$ et à l'axe des $z$ dans le système ordinaire des axes de coordonnées.

Les angles dont les plans sont parallèles aux trois plans coordonnés seront positifs s'ils sont comptés parallèlement au plan $xAy$ de $Ax$ vers $Ay$, parallèlement au plan $yAz$ de $Ay$ vers $Az$, parallèlement au plan $zAx$ de $Az$ vers $Ax$, et ils seront négatifs s'ils sont comptés en sens contraire. Avec cette convention, il faut changer le signe du second membre de la formule (4).

Cela posé, on a

$$NBO = NBQ - OBR - RBQ;$$

d'où, en vertu de la convention précédente,

$$d\omega = -\varepsilon_1 + \varepsilon + d\gamma;$$

$\varepsilon_1 - \varepsilon$ est la variation de l'angle que forme le plan osculateur de la courbe en A avec la normale correspondante. Représentons cette variation par $d\varepsilon$, et nous aurons

$$(15) \qquad\qquad d\omega = d\gamma - d\varepsilon.$$

Ainsi *l'angle de torsion géodésique d'une courbe quelconque est égal à l'angle de torsion absolue de cette courbe diminué de la variation de l'angle que forme le plan osculateur de la courbe avec la normale à la surface.*

La formule (15) a été donnée par M. Bonnet dans son *Mémoire sur la théorie générale des surfaces.*

*Conséquences.* — 1° *Si deux surfaces se coupent partout sous le même angle, la courbe d'intersection a en chaque point la même torsion géodésique sur les deux surfaces.*

Soient en effet S et S' deux surfaces se coupant sous le même angle le long de la courbe MN (*fig.* 6). L'angle de torsion géodésique de cette courbe en A est sur la première surface $d\gamma - d\varepsilon$ et sur la seconde $d\gamma' - d\varepsilon'$. Menons les normales intérieures AO, AO' aux deux surfaces, et prenons sur ces droites les centres de courbure des sections normales dirigées suivant l'élément AB de la courbe d'intersection. Le plan osculateur de cette courbe en A est perpendiculaire à OO', et sa normale principale est dirigée suivant AH. On a donc

$$\varepsilon = \mathrm{OAH}, \qquad \varepsilon' = - \mathrm{O'AH};$$

d'où

$$\varepsilon - \varepsilon' = \mathrm{OAO'} = \text{const.}$$

Donc

$$d\varepsilon' = d\varepsilon;$$

d'ailleurs $d\gamma'$ est identique à $d\gamma$; donc enfin

$$d\omega' = d\omega.$$

2° Réciproquement, *si la courbe d'intersection de deux surfaces a en chaque point la même torsion géodésique sur les deux surfaces, celles-ci se coupent partout sous le même angle.*

3° En particulier, *si deux surfaces se coupent partout sous le même angle et que la torsion géodésique de la courbe d'intersection sur la première surface soit nulle, elle est aussi nulle sur la seconde, c'est-à-dire que si la ligne d'intersection est une ligne de courbure de la première surface, elle est aussi une ligne de courbure de la seconde.*

4° Réciproquement, *si la courbe d'intersection de deux surfaces est une ligne de courbure de chacune d'elles, les deux surfaces se coupent partout sous le même angle.*

Comme toute ligne tracée sur un plan ou sur une sphère est une ligne de courbure du plan ou de la sphère, on peut déduire de ce qui précède les deux théorèmes suivants :

5° *Si un plan ou une sphère coupent une surface partout sous le même angle, la ligne d'intersection est une ligne de courbure de la surface.*

6° *Si une ligne de courbure d'une surface est plane ou sphérique, le plan ou la sphère qui la contient coupe la surface partout sous le même angle.*

Ces théorèmes sont dus à Joachimsthal.

# DEUXIÈME PARTIE.

### ÉTUDE DES LIGNES TRACÉES SUR LES SURFACES.

### I. — DOUBLE SYSTÈME DE LIGNES PLANES.

*Variation de l'élément curviligne compris entre deux lignes consécutives*
*du même système.*

1. Soient $aa'$, $a'm$ (*fig.* 7) deux éléments consécutifs d'une ligne du
système (X), et $ab$, $bn$ deux éléments consécutifs d'une ligne du système (Y).
Soient $bb'$, $a'b'$ les éléments de deux lignes infiniment voisines des précédentes dans l'un et l'autre système. Désignons $aa'$ par $dx$, $ab$ par $\delta y$, les
caractéristiques $d$ et $\delta$ étant affectées respectivement aux variations dans le
sens des lignes $(x)$ et $(y)$. Représentons par $v$ l'angle sous lequel se coupent
ces lignes, et par $\rho_x$, $\rho_y$ leurs rayons de courbure au point $a$, en convenant
de regarder un rayon de courbure comme positif ou négatif suivant qu'il est
dirigé par rapport à l'élément comme l'axe des $y$ par rapport à l'axe des $x$,
ou en sens contraire.

Menons par le point $b$ la droite $bc$ parallèle à $aa'$, et la droite $bq$ faisant
avec $bn$ l'angle $v$ : $b'bq$ est l'accroissement de $v$ le long de la ligne $(y)$ et
$cbq$ est égal à l'angle de contingence de cette ligne.

Menons de même par le point $a'$ la droite $a'c$ parallèle à $ab$ et la droite $a'p$
faisant avec $a'm$ l'angle $v$ : $pa'b'$ est la variation de $v$ le long de la ligne $(x)$
et $ca'p$ est égal à l'angle de contingence de cette ligne.

Décrivons des points $a'$ et $b$ comme centres les arcs $dh$, $b'k$. Nous avons

$$ab = a'c = a'h + hc,$$

$$a'h = a'd = a'b' + b'd,$$

$$b'd = \frac{b'k}{\sin v} = \frac{dx\left(\delta v - \dfrac{\delta y}{\rho_y}\right)}{\sin v},$$

$$hc = dh\cot v = \delta y\left(dv + \frac{dx}{\rho_x}\right)\cot v;$$

d'où

$$ab = a'b' + \frac{dx\left(\delta v - \dfrac{\delta y}{\rho_y}\right)}{\sin v} + \delta y\left(dv + \frac{dx}{\rho_x}\right)\cot v,$$

ou

$$\text{(1)} \qquad \sin v . d\delta y = dx\,\delta y \left( \frac{1}{\rho_y} - \frac{1}{\rho_x}\cos v \right) - dx\,\delta v - \delta y\,dv\cos v.$$

Si l'angle $v$ est constant, cette formule devient

$$\text{(2)} \qquad \sin v . d\delta y = dx\,\delta y \left( \frac{1}{\rho_y} - \frac{1}{\rho_x}\cos v \right).$$

Et enfin, si l'angle $v$ est droit, elle se réduit à

$$\text{(3)} \qquad d\delta y = dx\,\delta y\,\frac{1}{\rho_y}.$$

On trouverait de même

$$\text{(3')} \qquad \delta\,dx = -\,\delta y\,dx\,\frac{1}{\rho_x}.$$

*Variation de l'inclinaison d'une ligne quelconque sur les lignes d'un même système.*

2. Soient deux lignes infiniment voisines $aa'm$, $bb'p$ du système $(X)$ et une ligne $abn$ du système $(Y)$ (*fig.* 8). Soit une ligne $ab'c$ formant avec l'élément $aa'$ l'angle $i$ et avec l'élément $b'p$ l'angle $i + di$. Il s'agit de déterminer la variation $di$ de cet angle.

Prolongeons $ab'$, $bb'$ et $ab$. Nous avons

$$i + di = kb'l + lb'p - cb'k$$

et

$$kb'l = bb'a = v + \delta v - nbq - (v - i) = i + \delta v - nbq,$$

d'où

$$di = \delta v - nbq + lb'p - cb'k\,;$$

$nbq$, $lb'p$, $cb'k$ sont les angles de contingence des courbes $abn$, $bb'p$, $ab'c$. Désignons par $ds$ l'élément $ab'$ et par $\rho_s$ le rayon de courbure de la ligne $ab'c$. L'égalité précédente devient

$$\text{(4)} \qquad di = \delta v + \frac{ds}{\rho_s} - \frac{dx}{\rho_x} - \frac{\delta y}{\rho_y}.$$

Si chaque ligne du système $(Y)$ forme le même angle avec toutes les lignes du système $X$, $\delta v = 0$, et la formule se réduit à

$$\text{(5)} \qquad di = \frac{ds}{\rho_s} - \frac{dx}{\rho_x} - \frac{\delta y}{\rho_y}.$$

Cette formule s'applique, en particulier, au cas où les lignes coordonnées se coupent partout sous le même angle.

### Condition pour que deux systèmes de lignes planes se coupent partout sous le même angle.

3. Considérons d'abord deux systèmes de lignes telles, que chaque ligne d'un système coupe toutes les lignes de l'autre système sous un même angle. Soit le quadrilatère curviligne $aa'b'b$ formé par deux couples de lignes infiniment voisines (*fig.* 9). Les angles en $a$ et $a'$ sont égaux, ainsi que les angles en $b$ et $b'$. Par conséquent la somme des angles de contingence des côtés curvilignes de ce quadrilatère est nulle, pourvu qu'on regarde comme positifs ceux qui sont comptés de droite à gauche, et comme négatifs ceux qui sont comptés en sens contraire. On a donc

$$\frac{dx}{\rho_x} + \left( \frac{\delta y}{\rho_y} + d.\frac{\delta y}{\rho_y} \right) - \left( \frac{dx}{\rho_x} + \delta\frac{dx}{\rho_x} \right) - \frac{\delta y}{\rho_y} = 0$$

ou

$$(6) \qquad d.\frac{\delta y}{\rho_y} - \delta.\frac{dx}{\rho_x} = 0,$$

ou

$$(7) \qquad \frac{1}{\rho_y} d\delta y + \delta y\, d.\frac{1}{\rho_y} - \frac{1}{\rho_x} \delta dx - dx\, \delta\frac{1}{\rho_x} = 0.$$

Nous achèverons d'exprimer que les deux systèmes de lignes se coupent partout orthogonalement en remplaçant dans la dernière égalité $d.\delta y$ et $\delta dx$ respectivement par $dx\, \delta y\frac{1}{\rho_y}$, $-\delta y\, dx\frac{1}{\rho_x}$.

Il vient alors

$$\frac{1}{\rho_y} dx\,\delta y\frac{1}{\rho_y} + dy\, d.\frac{1}{\rho_y} + \frac{1}{\rho_x} \delta y\, dx\frac{1}{\rho_x} - dx\, \delta\frac{1}{\rho_x} = 0$$

ou

$$(8) \qquad \frac{\delta\frac{1}{\rho_x}}{\delta y} - \frac{d\frac{1}{\rho_y}}{dx} = \left(\frac{1}{\rho_x}\right)^2 + \left(\frac{1}{\rho_y}\right)^2.$$

## II. — Double système de lignes tracées sur une surface quelconque.

*Courbure géodésique.* — Nous appellerons courbure géodésique d'une ligne tracée sur une surface en un point la courbure de la projection de cette ligne sur le plan tangent en ce point.

On reconnaît aisément que la courbure géodésique d'une ligne est égale au produit de sa courbure absolue par le cosinus de l'angle que forme son plan osculateur avec le plan tangent.

Le produit de l'élément *ds* d'une ligne par sa courbure géodésique est l'angle de contingence géodésique.

L'angle de contingence géodésique est égal à l'angle que forment deux plans normaux à la surface menés par deux éléments consécutifs de la courbe.

*Ligne géodésique*. — Nous appellerons ligne géodésique une ligne dont la courbure géodésique est nulle en tous ses points, c'est-à-dire dont le plan osculateur est en chaque point normal à la surface.

### Variation de l'élément curviligne compris entre deux lignes consécutives du même système.

1. Les formules (1), (2), (3), (3') qui ont été trouvées pour un double système de lignes planes conviennent à un double système de lignes tracées sur une surface quelconque, pourvu que $\rho_x$, $\rho_y$ représentent les rayons de courbure géodésique des lignes coordonnées. Car si l'on projette ces lignes sur le plan tangent, les éléments $dx$, $\delta y$ se projettent en vraie grandeur, aux quantités du troisième ordre près, et le rayon de courbure géodésique n'est autre chose que le rayon de courbure de la projection.

Nous considérerons spécialement les formules relatives à un double système de lignes orthogonales, savoir

$$d.\delta y = dx\,\delta y\,\frac{1}{\rho_y};$$

$$\delta.dx = -\delta y\,dx\,\frac{1}{\rho_x},$$

et nous en déduirons quelques conséquences remarquables.

1° *Ligne de plus courte distance*. — Soit AMB la ligne de plus courte distance entre les points A et B. Pour une ligne infiniment voisine quelconque $AM_1B$ la variation de la distance doit être nulle. Décomposons les deux lignes en éléments correspondants par des trajectoires orthogonales : soient $mn$, $m_1n_1$ deux de ces éléments (*fig.* 10). Désignons $mn$, $m_1n_1$, $mm_1$ par

$ds$, $ds_1$, $\omega$, et appelons $\rho_s$ le rayon de courbure géodésique de la ligne AMB au point $m$.

On a, d'après la formule $(3')$,

$$ds_1 - ds = - \omega . ds . \frac{1}{\rho_s};$$

donc

$$\int_0^? \omega\, ds . \frac{1}{\rho_s} = 0.$$

Cette intégrale doit être nulle quel que soit $\omega$. Il en résulte

$$\frac{1}{\rho_s} = 0;$$

donc *la ligne de plus courte distance est une ligne géodésique.*

$2°$ *Ligne de longueur donnée comprenant une aire maximum sur une sur-face.* — Soit APB une courbe fixe (*fig.* 11); il s'agit de trouver parmi toutes les lignes de même longueur qui aboutissent aux deux points fixes A et B, celle qui forme avec APB l'aire maximum.

Supposons que AMB soit la ligne correspondant au maximum, et soit $AM_1B$ une ligne infiniment voisine de même longueur. Décomposons ces deux lignes en éléments correspondants par des trajectoires orthogonales, et désignons comme précédemment $mn$, $m_1n_1$ par $ds$, $ds_1$, $mm_1$ par $\omega$, et le rayon de courbure géodésique de la courbe AMB au point $m$ par $\rho_s$.

La variation de l'aire devant être nulle, on a

$$(a) \qquad \int_0^c \omega\, ds = 0;$$

de plus

$$\int_0^{z_1} ds_1 = \int_0^z ds :$$

mais

$$ds_1 - ds = - \omega\, ds \frac{1}{\rho_s};$$

donc

$$(b) \qquad \int_0^c \omega\, ds . \frac{1}{\rho_s} = 0.$$

L'élément $\omega$ n'est pas complétement indéterminé le long de la courbe AMB, puisqu'il doit satisfaire à l'égalité $(a)$.

Posons

$$\int_0^s \omega\, ds = \varphi(s);$$

$\varphi(s)$ est une fonction arbitraire qui n'est assujettie qu'à prendre la même valeur pour les limites $o$ et $\sigma$. Par suite

$$\omega = \varphi'(s).$$

Remplaçons $\omega$ par cette valeur dans l'égalité $(b)$ et intégrons par parties : il vient

$$(c) \qquad \int_0^\sigma \varphi(s)\left(\frac{1}{\rho_s}\right)' ds = o.$$

Comme $\varphi(s)$ est tout à fait arbitraire le long de la courbe AMB, il en résulte

$$\left(\frac{1}{\rho_s}\right)' = o \quad \text{ou} \quad \frac{1}{\rho_s} = \text{const};$$

donc *la courbe qui renferme une aire maximum est celle dont la courbure géodésique est constante.*

3° *Théorème de Gauss.* — Si les lignes du système (X) sont des lignes géodésiques, la formule (3') donne

$$\delta\, dx = o;$$

donc *les trajectoires orthogonales d'un système de lignes géodésiques interceptent sur ces lignes des longueurs égales.*

Corollaire I. — *Si des différents points d'une courbe partent à angle droit vers la même région une infinité de lignes géodésiques de même longueur, la courbe qui joint leurs extrémités coupe toutes ces lignes orthogonalement.*

En particulier, *si d'un même point partent une infinité de lignes géodésiques de même longueur, la ligne qui joint leurs extrémités est normale à chacune d'elles.*

Corollaire II. — *Si un fil appliqué sur une surface se déroule en restant constamment tangent à une courbe tracée sur la surface, un point du fil décrit une trajectoire orthogonale des lignes géodésiques tangentes à cette courbe.*

4° *Condition pour qu'un double système de lignes découpe la surface en carrés infiniment petits.* — On peut toujours disposer des variations des paramètres qui définissent deux systèmes de lignes tracées sur une surface, de manière que dans chaque système il y ait deux lignes consécutives qui comprennent des carrés.

Supposons donc que les éléments superficiels compris entre $x$ et $x_i$ d'une part, $y$ et $y_i$ d'autre part soient des carrés; et exprimons que l'élément $b'b''c''c'$ est aussi un carré ($fig.$ 12).

D'après les formules (3), (3'), on a

$$a'b' = ab + ab \cdot aa'\left(\frac{1}{\rho_y} + \varepsilon \right),$$

$$bb' = aa' - aa' \cdot ab\left(\frac{1}{\rho_x} + \varepsilon_i \right),$$

$\varepsilon$, $\varepsilon_i$ étant des quantités infiniment petites du premier ordre. De même, puisque $a'a'' = a'b'$, et $bc = bb'$,

$$b'b'' = a'b' - a'b'^2\left(\frac{1}{\rho_x} + d \cdot \frac{1}{\rho_x} + \varepsilon_i \right),$$

$$b'c' = bb' + bb'^2\left(\frac{1}{\rho_y} + \delta \cdot \frac{1}{\rho_y} + \varepsilon \right),$$

ou, si l'on remplace dans ces deux dernières égalités $a'b'$ et $bb'$ par leurs valeurs ci-dessus,

$$b'b'' = ab + ab \cdot aa'\left(\frac{1}{\rho_y} + \varepsilon \right) - ab^2\left(\frac{1}{\rho_x} + d \cdot \frac{1}{\rho_x} + \varepsilon_i \right) - 2\,ab^2 \cdot aa' \frac{1}{\rho_x} \cdot \frac{1}{\rho_y},$$

$$b'c' = aa' - aa' \cdot ab\left(\frac{1}{\rho_x} + \varepsilon_i \right) + aa'^2\left(\frac{1}{\rho_y} + \delta \cdot \frac{1}{\rho_y} + \varepsilon \right) - 2\,ab \cdot aa'^2 \frac{1}{\rho_x} \cdot \frac{1}{\rho_y}.$$

Il suffit d'égaler ces valeurs de $b'b''$ et $b'c'$, il vient alors

$$(9) \qquad\qquad d \cdot \frac{1}{\rho_x} + \delta \cdot \frac{1}{\rho_y} = 0.$$

Ainsi, la condition cherchée est *que les variations que subissent les courbures géodésiques de deux lignes coordonnées passant par un même point, pour des déplacements infiniment petits et égaux, effectués sur ces lignes, à partir de ce point, soient égales et de signes contraires.*

Ce résultat a été obtenu par M. Bonnet.

*Variation de l'inclinaison d'une ligne quelconque sur les lignes coordonnées d'un même système. — Ligne géodésique.*

2. Les formules (4) et (5) trouvées pour un double système de lignes

planes s'appliquent à un double système de lignes tracées sur uné surface quelconque, pourvu que $\rho_s$, $\rho_x$, $\rho_y$ représentent les rayons de courbure *géodésique* de la ligne considérée et des deux lignes coordonnées.

On a donc généralement

$$(4) \qquad di = \delta v + \frac{ds}{\rho_s} - \frac{dx}{\rho_x} - \frac{\delta y}{\rho_y}.$$

Si chaque ligne du système (Y) coupe les différentes lignes du système (X) sous le même angle, et en particulier si les deux systèmes de lignes se coupent partout sous le même angle, cette formule devient

$$(5) \qquad di = \frac{ds}{\rho_s} - \frac{dx}{\rho_x} - \frac{\delta y}{\rho_y}.$$

*Ligne géodésique.* — Si la ligne considérée est une ligne géodésique, $\frac{ds}{\rho_s} = 0$, et l'égalité précédente se réduit à

$$(10) \qquad di + \frac{dx}{\rho_x} + \frac{\delta y}{\rho_y} = 0.$$

Telle est l'équation générale d'une ligne géodésique sur une surface quelconque par rapport à un double système de trajectoires orthogonales.

*Application.* — Considérons une surface de révolution, et prenons pour lignes coordonnées la double série des méridiens et des parallèles. L'équation générale des lignes géodésiques devient

$$\frac{di}{ds} = \frac{\cos\theta}{r}\sin i,$$

$i$ désignant l'angle qu'elle forme avec un méridien, $ds$ l'élément de cette ligne, $\theta$ l'angle que forme le plan d'un parallèle avec la surface, et $r$ le rayon de ce parallèle; mais

$$ds = -\frac{dr}{\cos i \cos\theta},$$

d'où

$$\frac{di}{\tang i} + \frac{dr}{r} = 0,$$

ou enfin

$$r\sin i = \text{const.}$$

C'est là l'équation connue de la ligne géodésique sur une surface de révolution.

Remarquons qu'en vertu de l'équation (15) de la première partie, si une ligne géodésique est en même temps une ligne de courbure, elle est nécessairement plane.

### *Transformation sphérique des lignes tracées sur une surface. — Théorème de Gauss.*

3. Considérons sur une surface une ligne quelconque, et imaginons que par les différents points de cette ligne on mène des normales intérieures à la surface. Prenons ensuite une sphère de rayon égal à 1 et par son centre menons des parallèles à ces normales. Nous déterminerons ainsi sur la sphère une courbe qui sera une sorte de perspective de la courbe tracée sur la surface.

On reconnaît facilement qu'à un double système de lignes de courbure d'une surface correspond un double système de lignes orthogonales sur la sphère; de plus, les plans normaux à la surface, tangents à une ligne de courbure, sont parallèles aux plans normaux correspondants de la sphère : or, sur la surface, comme sur la sphère, l'angle de deux plans normaux menés par deux éléments consécutifs d'une ligne est l'angle de contingence géodésique de cette ligne; donc l'angle de contingence géodésique d'une ligne de courbure est égal à l'angle de contingence géodésique de la ligne sphérique correspondante.

Considérons sur une surface le double système de ses lignes de courbure, et sur la sphère le double système orthogonal correspondant.

On a sur la surface, pour une ligne quelconque,

$$di - \frac{ds}{\rho_s} = -\frac{dx}{\rho_x} - \frac{\delta y}{\rho_y},$$

et sur la sphère, pour la ligne correspondante,

$$di_1 - \frac{ds_1}{\rho_{s_1}} = -\frac{dx_1}{\rho_{x_1}} - \frac{\delta y_1}{\rho_{y_1}} :$$

or

$$\frac{dx}{\rho_x} = \frac{dx_1}{\rho_{x_1}}, \quad \frac{\delta y}{\rho_y} = \frac{\delta y_1}{\rho_{y_1}};$$

donc

$$di - \frac{ds}{\rho_s} = di_1 - \frac{ds_1}{\rho_{s_1}} :$$

d'où, en intégrant,

$$(11) \qquad i'' - i' - \int_{s'}^{s''} \frac{ds}{\rho_s} = i''_1 - i'_1 - \int_{s'_1}^{s''_1} \frac{ds_1}{\rho_{s_1}}.$$

$1°$ Pour un contour fermé $i'' = i'$, $i''_1 = i'_1$, par conséquent

$$(12) \qquad \int \frac{ds}{\rho_s} = \int \frac{ds_1}{\rho_{s_1}}.$$

Ainsi, *si l'on considère sur une surface un contour fermé quelconque, et sur la sphère le contour correspondant, la somme des angles de contingence géodésique a la même valeur pour les deux contours.*

Or, S désignant l'aire du contour sphérique, la somme des angles de contingence géodésique de ce contour est égale à $2\pi - S$; donc pour un contour fermé quelconque, tracé sur une surface,

$$(13) \qquad \int \frac{ds}{\rho_s} = 2\pi - S.$$

$2°$ Considérons sur la surface un polygone curviligne dont nous représenterons les angles par A, B, C,..., et sur la sphère le polygone correspondant dont les angles seront $A_1$, $B_1$, $C_1$,... On a, d'après la formule $(11)$ :

$$A + B + C + \ldots - \int \frac{ds}{\rho_s} = A_1 + B_1 + C_1 + \ldots - \int \frac{ds_1}{\rho_{s_1}}.$$

Mais l'aire du polygone sphérique est égale à $2\pi$ moins la somme de ses angles extérieurs et de ses angles de contingence géodésique, ou

$$S = A_1 + B_1 + C_1 + \ldots - (n - 2)\pi - \int \frac{ds_1}{\rho_{s_1}}.$$

La formule précédente devient donc

$$(14) \qquad A + B + C \ldots - (n - 2)\pi - \int \frac{ds}{\rho_s} = S.$$

Ainsi, *l'aire sphérique correspondant à un contour polygonal quelconque est égale à l'excès de la somme de ses angles sur autant de fois deux droits qu'il y a de côtés moins deux, moins l'intégrale* $\int \frac{ds}{\rho_s}$, *étendue à tout le contour.*

$3°$ Si le contour est formé de lignes géodésiques, $\int \frac{ds}{\rho_s} = 0$, et on a alors le théorème suivant qui est dû à Gauss :

*Dans un polygone quelconque de n côtés, formé par des lignes géodésiques, l'excès de la somme des angles sur* $2n - 4$ *droits est égal à l'aire du polygone correspondant sur la surface de la sphère.*

### Courbure d'une surface.

4. Si l'on considère en un point d'une surface un contour quelconque infiniment petit, et sur la sphère le contour correspondant, la courbure de la surface en ce point est, d'après Gauss, le rapport de l'aire du contour sphérique à l'aire du contour tracé sur la surface.

Théorème I. — *La courbure d'une surface en un point est mesurée par l'inverse du produit des rayons de courbure principaux en ce point.*

Soit, en effet, une portion de surface comprise entre deux couples de lignes de courbures infiniment voisines (*fig.* 13) : son aire est égale à $aa' \cdot ab$ ; l'aire sphérique correspondante est

$$\frac{aa'}{R} \cdot \frac{ab}{R'} :$$

le rapport est donc

$$\frac{1}{RR'} .$$

Or, on peut toujours décomposer une aire quelconque infiniment petite en rectangles analogues à $aa' \, b'b$ : le rapport des rectangles correspondants sur la sphère et la surface étant $\frac{1}{RR'}$, les aires totales seront entre elles dans le même rapport.

Théorème II. — *Lorsqu'on déforme une surface, la courbure géodésique d'une ligne quelconque tracée sur cette surface n'est pas altérée.*

Cela résulte de la formule

$$d \cdot \delta y = dx \, \delta y \, \frac{1}{\rho_y} ;$$

car la ligne peut toujours être considérée comme faisant partie d'un double système de lignes orthogonales, et la déformation n'altère pas la grandeur des éléments linéaires.

Théorème III. — *Dans la déformation d'une surface, la courbure en chaque point reste constante.*

Si l'on considère, en effet, un triangle infiniment petit formé par trois lignes géodésiques, l'aire sphérique correspondant à ce triangle est

$$A + B + C - \pi;$$

mais, lorsqu'on déforme la surface, les angles A, B, C sont constants, les côtés du triangle restent des lignes géodésiques, donc l'aire sphérique correspondante reste la même ; mais l'aire du triangle tracé sur la surface ne change pas non plus : donc le rapport de ces deux aires ou la courbure reste constante.

Conditions pour que deux systèmes de lignes se coupent partout orthogonalement.

5. Soit le quadrilatère curviligne infiniment petit $aa'\,b'b$ dont les quatre angles sont droits. Si on applique à ce quadrilatère la formule (14), on obtient

$$\frac{dx}{\rho_x} + \left(\frac{\partial\gamma}{\rho_y} + d\frac{\partial\gamma}{\rho_y}\right) - \left(\frac{dx}{\rho_x} + \partial\frac{dx}{\rho_x}\right) - \frac{\partial\gamma}{\rho_y} = -\frac{dx\,\partial\gamma}{RR'},$$

ou

$$(15) \qquad d\frac{\partial\gamma}{\rho_y} - \partial\frac{dx}{\rho_x} = -\frac{dx\,\partial\gamma}{RR'}.$$

Cette équation convient généralement au cas où chacune des lignes d'un système coupe toutes les lignes de l'autre système sous le même angle. Si donc les lignes des deux systèmes sont des lignes géodésiques, comme $\frac{dx}{\rho_x}$ et $\frac{\partial\gamma}{\rho_y}$ sont nuls, $\frac{1}{RR'}$ doit être égal à o.

Par conséquent, *la surface sur laquelle on peut tracer deux systèmes de lignes géodésiques, telles que chaque ligne de l'une des séries coupe toutes les lignes de l'autre série sous le même angle, est nécessairement une surface développable.*

Si l'on remplace dans l'équation précédente $d\,\partial\gamma$, $\partial\,dx$ respectivement par $dx\,\partial y\,\frac{1}{\rho_y}$, $-\,\partial y\,dx\,\frac{1}{\rho_x}$, on obtient

$$(16) \qquad -\frac{\partial.\dfrac{1}{\rho_x}}{\partial\gamma} - \frac{d.\dfrac{1}{\rho_y}}{dx} = \left(\frac{1}{\rho_x}\right)^2 + \left(\frac{1}{\rho_y}\right)^2 + \frac{1}{RR'}.$$

Telle est la condition pour que deux systèmes de lignes tracées sur une surface se coupent partout orthogonalement.

4

*Variation de la courbure géodésique des lignes coordonnées. — Diverses formules.*

6. Si l'on différentie les équations

$$(3) \qquad d\,\delta y = dx\,\delta y\,\frac{1}{\rho_y},$$

$$(3') \qquad \delta\,dx = -\,\delta y\,dx\,\frac{1}{\rho_x},$$

en regardant dans la première $dx$ et dans la seconde $\delta y$ comme constants, on obtient

$$d^2\,\delta y = dx\,.\,\frac{1}{\rho_y}\,d\,\delta y + dx\,\delta y\,d\,.\,\frac{1}{\rho_y},$$

$$\delta^2\,dx = -\,\delta y\,\frac{1}{\rho_x}\,\delta\,.\,dx - \delta y\,dx\,.\,\delta\,\frac{1}{\rho_x},$$

ou, en remplaçant $d\,\delta y$, $\delta\,dx$ par leurs valeurs,

$$(17) \qquad d\,.\,\frac{1}{\rho_y} = \frac{d^2\,.\,\delta y}{dx\,\delta y} - dx\left(\frac{1}{\rho_y}\right)^2,$$

$$(18) \qquad \delta\,.\,\frac{1}{\rho_x} = -\,\frac{\delta^2\,.\,dx}{dx\,\delta y} - \delta y\left(\frac{1}{\rho_x}\right)^2.$$

Si l'on retranche ces équations membre à membre, après les avoir divisées respectivement par $dx$, $\delta y$, on obtient, en vertu de l'équation (16),

$$(19) \qquad \delta y\,.\,d^2\,\delta y + dx\,.\,\delta^2\,dx = -\,\frac{dx^2\,\delta y^2}{\mathrm{RR}'}.$$

Les équations (17), (18), combinées avec l'équation (19), deviennent

$$(20) \qquad d\,.\,\frac{1}{\rho_y} = -\,dx\left[\left(\frac{1}{\rho_y}\right)^2 + \frac{1}{\mathrm{RR}'}\right] - \frac{\delta^2\,.\,dx}{\delta y^2},$$

$$(21) \qquad \delta\,.\,\frac{1}{\rho_x} = \delta y\left[\left(\frac{1}{\rho_x}\right)^2 + \frac{1}{\mathrm{RR}'}\right] + \frac{d^2\,.\,\delta y}{dx^2}.$$

Si les lignes du système (X) sont des lignes géodésiques, $\delta\,dx = 0$; par suite $\delta^2\,dx = 0$. Les équations (19), (20) deviennent

$$(22) \qquad \frac{d^2\,\delta y}{dx^2} = -\,\frac{\delta y}{\mathrm{RR}'},$$

$$(23) \qquad d\,.\,\frac{1}{\rho_y} = -\,dx\left[\left(\frac{1}{\rho_y}\right)^2 + \frac{1}{\mathrm{RR}'}\right].$$

Ces deux dernières formules sont relatives à un système de lignes géodésiques et à leurs trajectoires orthogonales. Elles expriment d'une manière très-simple, en fonction de la courbure de la surface, l'une, la dérivée seconde de l'élément d'une trajectoire compris entre deux lignes géodésiques infiniment voisines, l'autre, la dérivée première de la courbure géodésique de cet élément.

*Variations des courbures principales d'une surface. — Formules nouvelles.*

7. Considérons sur une surface les deux systèmes de lignes de courbure et proposons-nous de trouver la variation que subit la courbure principale de la surface relative à une ligne de courbure, dans le passage de cette ligne à la ligne infiniment voisine.

Au rectangle infinitésimal $aa'b'b$ correspond sur la sphère un rectangle $mm'n'n$ (*fig.* 14). Désignons l'arc $mm'$ correspondant à $aa'$ par $\varepsilon$, et l'arc $nn'$ correspondant à $bb'$ par $\zeta$. La courbure principale suivant $aa'$ est $\dfrac{\varepsilon}{aa'}$, suivant $bb'$, $\dfrac{\zeta}{bb'}$. Représentons par $R_x$, $R'_y$ les rayons de courbure principaux suivant les lignes $(x)$ et $(y)$; nous avons

$$\delta \, \frac{1}{R_x} = \frac{\zeta}{bb'} - \frac{\varepsilon}{aa'} = \frac{\zeta \cdot aa' - \varepsilon \cdot bb'}{aa' \cdot bb'}.$$

Mais

$$\zeta = \varepsilon - \varepsilon \cdot mn \cdot R_x \cdot \frac{1}{\rho_x},$$

en vertu de la formule (3'), car la courbure géodésique de l'élément $mm'$ est égale au produit de la courbure géodésique de l'élément $aa'$ par $R_x$.

De même

$$bb' = aa' - aa' \cdot ab \cdot \frac{1}{\rho_x}.$$

Remplaçons $\zeta$ et $bb'$ par ces valeurs, il vient

$$\delta \cdot \frac{1}{R_x} = \frac{\varepsilon \cdot aa' - \varepsilon \cdot aa' \cdot mn \cdot R_x \dfrac{1}{\rho_x} - \varepsilon \cdot aa' + \varepsilon \cdot aa' \cdot ab \cdot \dfrac{1}{\rho_x}}{aa' \cdot bb'}.$$

Or

$$mn = ab \cdot \frac{1}{R'_y}, \qquad \varepsilon = aa' \cdot \frac{1}{R_x};$$

donc

(24)
$$\delta \cdot \frac{1}{R_x} = \frac{1}{\rho_x}\left( \frac{1}{R_x} - \frac{1}{R'_y} \right) \delta y.$$

4.

On trouverait, de la même manière,

$$(25) \qquad d.\frac{1}{R'_y} = -\frac{1}{\rho_x}\left(\frac{1}{R'_y} - \frac{1}{R_x}\right)dx.$$

On déduit immédiatement de là cette conséquence bien connue, savoir : *qu'une surface qui a en chacun de ses points ses rayons de courbure princi-paux égaux et de même signe est nécessairement une sphère.*

En effet, les deux formules précédentes donnent $\frac{1}{R_x} = $ const, $\frac{1}{R_y} = $ const. Les rayons de courbure principaux étant partout les mêmes, il en résulte que toutes les normales à la surface concourent en un même point.

### III. — SYSTÈME TRIPLE DE SURFACES ORTHOGONALES.

#### *Théorème de M. Dupin.*

1. Soient trois surfaces se coupant deux à deux orthogonalement suivant les lignes $Ax$, $Ay$, $Az$. Nous savons que lorsque deux surfaces se coupent sous un angle constant, la ligne d'intersection a la même torsion géodésique sur les deux surfaces; de plus, nous avons vu que, sur une même surface, les torsions géodésiques de deux lignes orthogonales, en leur point d'intersection, sont égales et de signes contraires. Si donc on désigne par $t_x$, $t_y$, $t_z$ les torsions géodésiques des trois lignes $Ax$, $Ay$, $Az$ au point A, on a

$$t_x = -t_y, \quad t_y = -t_z, \quad t_z = -t_x,$$

ce qui exige que $t_x$, $t_y$, $t_z$ soient nuls; donc les premiers éléments $Aa$, $Ab$, $Ac$ des trois lignes $Ax$, $Ay$, $Az$ sont dirigés suivant les lignes de cour-bure des trois surfaces.

Il résulte de là que *trois séries de surfaces orthogonales se coupent suivant leurs lignes de courbure.*

#### *Formules de M. Lamé.*

2. Soient trois surfaces $S_x$, $S_y$, $S_z$ se coupant orthogonalement suivant les lignes $Ax$, $Ay$, $Az$, respectivement normales à $S_x$, $S_y$, $S_z$ (*fig.* 15). Désignons par $R_y$, $R'_y$ les rayons de courbure principaux de la surface $S_x$; par $R_z$, $R'_z$ les rayons de courbure principaux de la surface $S_y$; et par $R_x$, $R'_x$ ceux de la surface $S_z$; ces rayons de courbure sont positifs ou négatifs, suivant qu'ils sont dirigés vers $Ax$, $Ay$, $Az$, ou en sens contraire.

D'après le théorème de Hachette, les rayons de courbure géodésique des lignes $x$, $y$, $z$ sur les surfaces $S_y S_z$, $S_z S_x$, $S_x S_y$ sont les rayons de courbure principaux $R_x R'_x$, $R_y R'_y$, $R_z R'_z$ pris avec un signe convenable, car il ne faut pas oublier que nous avons fait, pour fixer le signe de la courbure géodésique sur une surface, une convention différente de celle que nous venons de faire pour fixer le signe des rayons de courbure principaux.

Si maintenant nous appliquons à chaque surface les formules (24) et (25), nous avons les six formules suivantes

$$
(26)\quad
\begin{cases}
(a) & \dfrac{d.\frac{1}{R_x}}{dy} = \dfrac{1}{R'_x}\left(\dfrac{1}{R_x} - \dfrac{1}{R'_y}\right), \\[2em]
(b) & \dfrac{d.\frac{1}{R'_y}}{dx} = \dfrac{1}{R_y}\left(\dfrac{1}{R'_y} - \dfrac{1}{R_x}\right), \\[2em]
(c) & \dfrac{d.\frac{1}{R_y}}{dz} = \dfrac{1}{R'_y}\left(\dfrac{1}{R_y} - \dfrac{1}{R'_z}\right), \\[2em]
(d) & \dfrac{d.\frac{1}{R'_z}}{dy} = \dfrac{1}{R_z}\left(\dfrac{1}{R'_z} - \dfrac{1}{R_y}\right), \\[2em]
(e) & \dfrac{d.\frac{1}{R_z}}{dx} = \dfrac{1}{R'_z}\left(\dfrac{1}{R_z} - \dfrac{1}{R'_y}\right), \\[2em]
(f) & \dfrac{d.\frac{1}{R'_x}}{dz} = \dfrac{1}{R_x}\left(\dfrac{1}{R'_x} - \dfrac{1}{R_z}\right).
\end{cases}
$$

De plus, les lignes de courbure sur chaque surface se coupant orthogonalement, on peut leur appliquer la formule (16); on obtient ainsi

$$
(27)\quad
\begin{cases}
(g) & \dfrac{d.\frac{1}{R'_x}}{dy} + \dfrac{d.\frac{1}{R_y}}{dx} = \left(\dfrac{1}{R'_x}\right)^2 + \left(\dfrac{1}{R_y}\right)^2 + \dfrac{1}{R_y R'_y}, \\[2em]
(h) & \dfrac{d.\frac{1}{R'_y}}{dz} + \dfrac{d.\frac{1}{R_z}}{dy} = \left(\dfrac{1}{R'_y}\right)^2 + \left(\dfrac{1}{R_z}\right)^2 + \dfrac{1}{R_y R'_z}, \\[2em]
(k) & \dfrac{d.\frac{1}{R'_z}}{dx} + \dfrac{d.\frac{1}{R_x}}{dz} = \left(\dfrac{1}{R'_z}\right)^2 + \left(\dfrac{1}{R_x}\right)^2 + \dfrac{1}{R_z R'_z}.
\end{cases}
$$

Si l'on ajoute membre à membre les équations $(b)$, $(e)$, multipliées respectivement par $\frac{1}{R_z}$, $\frac{1}{R'_y}$, on obtient

$$\frac{d.\dfrac{1}{R_z R'_y}}{dx} = -\frac{1}{R_x R_y R_z} - \frac{1}{R'_x R'_y R'_z} + \frac{1}{R_z R'_y}\left(\frac{1}{R_y} + \frac{1}{R'_z}\right),$$

ou

(28)

$$(l) \qquad \frac{1}{R_z R'_y}\left(\frac{1}{R_y} + \frac{1}{R'_z}\right) - \frac{d.\dfrac{1}{R_z R'_y}}{dx} = \frac{1}{R_x R_y R_z} + \frac{1}{R'_x R'_y R'_z}.$$

On a de même

$$(m) \qquad \frac{1}{R_x R'_z}\left(\frac{1}{R_z} + \frac{1}{R'_x}\right) - \frac{d.\dfrac{1}{R_x R'_z}}{dy} = \frac{1}{R_x R_y R_z} + \frac{1}{R'_x R'_y R'_z},$$

$$(n) \qquad \frac{1}{R_y R'_x}\left(\frac{1}{R_x} + \frac{1}{R'_y}\right) - \frac{d.\dfrac{1}{R_y R'_x}}{dz} = \frac{1}{R_x R_y R_z} + \frac{1}{R'_x R'_y R'_z}.$$

En ajoutant membre à membre les équations $(g)$, $(h)$, $(k)$, on obtient enfin

$$(29) \quad
\begin{aligned}
&\frac{d.\left(\frac{1}{R_y} + \frac{1}{R'_z}\right)}{dx} + \frac{d.\left(\frac{1}{R_z} + \frac{1}{R'_x}\right)}{dy} + \frac{d.\left(\frac{1}{R_x} + \frac{1}{R'_y}\right)}{dz} \\
&= \left(\frac{1}{R_y} + \frac{1}{R'_z}\right)^2 + \left(\frac{1}{R_z} + \frac{1}{R'_x}\right)^2 + \left(\frac{1}{R_x} + \frac{1}{R'_y}\right)^2 - \frac{1}{R_y R'_z} - \frac{1}{R_z R'_x} - \frac{1}{R_x R'_y}.
\end{aligned}$$

*Variation de l'élément superficiel compris entre deux couples de surfaces orthogonales infiniment voisines.*

3. Considérons l'élément $dx\,dy$; sur la surface infiniment voisine, il devient

$$dx\left(1 - \frac{dz}{R_x}\right) dy\left(1 - \frac{dz}{R_y}\right).$$

La variation de cet élément est donc égale à

$$- dx\,dy\,dz\left(\frac{1}{R_x} + \frac{1}{R'_y}\right).$$

Si donc nous désignons les éléments $dx.dy$, $dy\,dz$, $dz\,dx$ respectivement par $\omega_z$, $\omega_x$, $\omega_y$, les variations de ces éléments sont exprimées par les formules

$$(30) \qquad d.\omega_z = -dz.\omega_z \left( \frac{1}{R_x} + \frac{1}{R'_y} \right),$$

$$(31) \qquad d.\omega_x = -dx.\omega_x \left( \frac{1}{R_y} + \frac{1}{R'_z} \right),$$

$$(32) \qquad d.\omega_y = -dy.\omega_y \left( \frac{1}{R_z} + \frac{1}{R'_x} \right).$$

On déduit aisément de là que *parmi toutes les surfaces limitées à un même contour, celle dont l'aire est minimum est la surface dont la courbure moyenne est nulle, c'est-à-dire dont les rayons de courbure principaux sont égaux et de signes contraires.*

*Et parmi toutes les surfaces de même étendue limitées à un même contour, celle qui renferme un volume maximum est la surface dont la courbure moyenne est constante.*

# TROISIÈME PARTIE.

## ÉTUDE DES SURFACES GAUCHES.

*Rayon de courbure géodésique d'une trajectoire orthogonale des génératrices.*

1. Soient deux génératrices infiniment voisines G, G' dont nous désignerons l'angle par $\omega$ et la plus courte distance OO' par $p$ (*fig* 16). Menons par le point O' une parallèle O'S à la génératrice G; d'un point quelconque M' de la génératrice G', abaissons une perpendiculaire M'P sur O'S, et du point P une perpendiculaire PM sur G; MM' est l'élément de la trajectoire orthogonale $(y)$ qui passe par le point M. Posons MM' $= \delta y$, OM $= x$. Le triangle rectangle MPM' donne

$$(1) \qquad \delta y^2 = p^2 + \omega^2 x^2.$$

Différentions par rapport à $x$, il vient

$$\delta y.d\delta y = \omega^2 x dx.$$

Mais, d'après une formule connue,

$$d\delta y = dx\,\delta y\,\frac{1}{\rho_y};$$

d'où, en posant $\frac{\omega}{p} = k$,

(2)
$$\rho_y = \frac{1 + k^2 x^2}{k^2 x}.$$

On voit que la courbure géodésique des trajectoires orthogonales est nulle aux points où elles rencontrent la ligne de striction.

*Courbure géodésique d'une trajectoire quelconque.*

2. Pour une trajectoire qui fait l'angle $i$ avec les génératrices rectilignes, l'élément $ds$ est donné par la formule

$$ds^2 = \frac{p^2 + \omega^2 x^2}{\sin^2 i},$$

d'où, par différentiation,

$$ds\,.\,d\,.\,ds = \frac{\omega^2 x\,dx}{\sin^2 i}.$$

Mais, d'après une formule connue,

$$\sin i\,d\,.\,ds = dx\,.\,ds\,.\,\frac{1}{\rho_s};$$

donc

(3)
$$\rho_s = \frac{1 + k^2 x^2}{k^2 x \sin i}.$$

Il résulte de là que *pour deux trajectoires perpendiculaires passant par le même point, la somme des carrés des courbures géodésiques est constante.*

*Torsion ou seconde courbure géodésique d'une trajectoire orthogonale.*

3. On sait que les torsions géodésiques de deux lignes perpendiculaires sont égales, au signe près : cherchons donc la seconde courbure géodésique de la génératrice.

Le plan tangent en O à la surface est O'OG ; le plan tangent en M est OMM'. Désignons par $\alpha$ l'angle M'MP de ces deux plans. Le triangle M'MP donne

$$(4) \qquad \tan \alpha = \frac{\omega x}{p} = k x ;$$

$k$ est le coefficient de distribution des plans tangents.

Différentions, il vient

$$\frac{d\alpha}{\cos^2\alpha} = k\, dx ;$$

d'où

$$(5) \qquad d\alpha = \frac{k p^2\, dx}{\delta y^2}.$$

$d\alpha$ est l'angle que forment les plans tangents en deux points infiniment voisins de la génératrice G : $\frac{d\alpha}{dx}$ est la torsion géodésique de la génératrice en M.

Si donc on désigne par $\frac{1}{\rho'_y}$ la seconde courbure géodésique de la trajectoire orthogonale en M, on a

$$\frac{1}{\rho'_y} = -\frac{k p^2}{\delta y^2}.$$

ou

$$\frac{1}{\rho'_y} = -\frac{\omega \cos\alpha}{\delta y},$$

ou enfin

$$(6) \qquad \frac{1}{\rho'_y} = -\frac{k}{1 + k^2 x^2}.$$

*Le rayon de seconde courbure géodésique d'une trajectoire orthogonale, le long d'une génératrice, est proportionnel au carré de l'élément de cette trajectoire.*

### Courbure de la surface.

4. Nous savons (première partie, n° 7) que la courbure $\frac{1}{RR'}$ est égale à $-\frac{d\alpha^2}{dx^2}$, donc

$$(7) \qquad \frac{1}{RR'} = -\frac{k^2}{(1 + k^2 x^2)^2}.$$

*Courbure de la section normale perpendiculaire à la génératrice.*
*Formule nouvelle.*

5. Considérons trois génératrices G, G', G'', et menons par le centre $c$ d'une sphère de rayon 1 des parallèles $cg$, $cg'$, $cg''$ à ces génératrices ( *fig.* 17).

Si chaque point de la surface est représenté sur la sphère par l'extrémité du rayon parallèle à la normale en ce point, aux points O, $O_1$ qui sont les pieds des plus courtes distances des génératrices GG', G'G'' correspondront les points $o$, $o_1$ situés respectivement sur le prolongement des arcs de grand cercle $gg'$, $g'g''$, à une distance d'un quadrant de $g$ et de $g'$ ; aux génératrices G, G' correspondront des arcs de grand cercle $oi$, $o_1i$ passant par $o$ et $o_1$ et perpendiculaires respectivement à $cg$ et $cg'$. Par suite $o_1a$ est égal à $\omega$ ; $oa$ mesure l'angle $\omega'$ des deux plus courtes distances infiniment voisines OO', $O_1O'_1$ ; $oo_1$ est l'angle des normales en O et $O_1$ : il est égal à $\sqrt{\omega^2 + \omega'^2}$ ; l'angle $o_1io$ des deux arcs de grand cercle $oi$, $o_1i$ est égal à $\omega$.

Cela posé, considérons les normales aux deux points M, M' ; leur angle $d\theta$ est mesuré par l'arc $mm'$. Dans le triangle rectangle $mnm'$

$$mn = \omega \cos \alpha,$$
$$m'n = \alpha' - (\alpha - \omega') = \omega' + \delta\alpha ;$$

donc

$$(8) \qquad d\theta^2 = (\omega' + \delta\alpha)^2 + \omega^2 \cos^2 \alpha,$$

mais, d'après une formule connue,

$$d\theta^2 = \frac{\delta y^2}{r_y^2} + \frac{\delta r^2}{\rho_y'^2},$$

$\frac{1}{r_y}$, $\frac{1}{\rho_y}$, désignant la courbure et la torsion géodésique de la section normale qui passe par MM' ; comme

$$\frac{\delta y^2}{\rho_y'^2} = \omega^2 \cos^2 \alpha,$$

il en résulte

$$(9) \qquad \frac{\delta r^2}{r_y^2} = (\omega' + \delta\alpha)^2.$$

De l'équation $\tan \alpha = kx$, on tire

$$\delta\alpha = (x\,\delta k + k\,\delta x)\cos^2 \alpha.$$

$\delta x$ est égal à $O'O_i$ : c'est la plus courte distance $p'$ des deux génératrices $OO'$, $O_iO'_i$ de la surface gauche conjuguée; donc

$$\frac{\delta \gamma^2}{r_\gamma^2} = [\omega' + (x\delta k + kp')\cos^2\alpha]\,;$$

d'où

(10)
$$\frac{1}{r_\gamma} = \frac{\omega'(1 + k^2 x^2) + x\delta k + kp'}{p(1 + k^2 x^2)^{\frac{1}{2}}}.$$

On sait que la somme des courbures de deux sections normales perpendiculaires est constante et égale à la somme des courbures des sections principales; donc

(11)
$$\frac{1}{R} + \frac{1}{R'} = \frac{\omega'(1 + k^2 x^2) + x\delta k + kp'}{p(1 + k^2 x^2)^{\frac{3}{2}}}.$$

On déduit aisément de là que *l'hélicoïde à plan directeur est la seule surface gauche dont les rayons de courbure principaux soient égaux et de signes contraires.*

Si, en effet, on exprime que le second membre est nul quel que soit $x$, on trouve

$$\omega' = 0, \quad p' = 0, \quad \delta k = 0.$$

*Remarque.* — Les deux formules (7) et (11) donnent les rayons de courbure principaux d'une surface gauche quelconque.

*Variation de l'angle sous lequel une ligne quelconque coupe les génératrices. — Ligne de striction. — Ligne géodésique.*

6. L'équation d'une ligne quelconque tracée sur la surface gauche est

(12)
$$di = \frac{ds}{\rho_i} - \frac{\delta \gamma}{\rho_\gamma},$$

$i$ désignant l'angle variable sous lequel cette ligne coupe les génératrices.

Le long de la ligne de striction, d'après la formule (2), les trajectoires orthogonales ont une courbure géodésique nulle; donc, pour la ligne de striction, on a

(13)
$$di = \frac{ds}{\rho_i}.$$

Il résulte de là que *si la ligne de striction coupe toutes les génératrices sous*

5.

*le même angle, elle est en même temps une ligne géodésique;* et réciproquement, *si la ligne de striction est une ligne géodésique, elle coupe toutes les génératrices sous le même angle.*

L'équation de la ligne géodésique est

$$(14) \qquad di + \frac{\delta y}{\rho_y} = 0.$$

*Si donc une ligne géodésique coupe toutes les génératrices sous le même angle, cette ligne n'est autre que la ligne de striction.*

On voit, de plus, que la variation de l'angle $i$, d'une génératrice à l'autre, est indépendante de cet angle : elle est la même pour toutes les lignes géodésiques qui passent par le même point de la génératrice G.

Si dans l'équation $(14)$ on remplace $\delta y$ par $dx\,\tang i$ et $\rho_y$ par sa valeur trouvée ci-dessus, on obtient

$$(15) \qquad \frac{\cos i\, di}{\sin i} + \frac{h^2 x\, dx}{1 + h^2 x^2} = 0.$$

Supposons que d'une génératrice à l'autre la variation de $x$ soit $dx$ et que $k$ reste constant : ce qui exige que la ligne de striction soit une trajectoire orthogonale, et que, d'après la formule $(6)$, sa seconde courbure soit constante. L'équation précédente s'intègre immédiatement

$$(16) \qquad \sin i \sqrt{1 + h^2 x^2} = \text{const} = C,$$

ou

$$(17) \qquad \sin i = C \cos \alpha.$$

Telle est l'équation des lignes géodésiques de la surface gauche engendrée par les binormales d'une ligne courbe dont la seconde courbure est constante.

*Lignes de courbure. — Lignes asymptotiques. — Lignes conjuguées des trajectoires orthogonales.*

7. Soit MN (*fig.* 18) l'élément d'une ligne quelconque. Le plan tangent en M est coupé par le plan tangent en N suivant M'R. Désignons MR par $u$.

Menons par le point O' un plan perpendiculaire à O'N : ce plan coupe le plan tangent en N suivant O'A : prolongeons OO', et par le point O' menons une parallèle O'B à $O_1 O'_1$. Nous avons

$$AO'C = AO'B + BO'C.$$

AO'C est l'angle que le plan tangent en N fait avec le plan O'OM ; AO'B est l'angle que le plan tangent en N fait avec O'$_1$O$_1$N ; BO'C est l'angle $\omega'$.

Le trièdre qui a pour arêtes O'N, O'R, O'S donne

$$\text{tang AOC} = k(x + u) ;$$

d'où

$$\text{AOC} = \alpha + ku\cos^2\alpha.$$

L'angle AO'B est égal à $\alpha + \delta\alpha$ : donc

(18)
$$ku\cos^2\alpha = \delta\alpha + \omega'.$$

1° Si M'R est perpendiculaire sur MN, l'élément MN appartient à une *ligne de courbure* ; dans ce cas

$$u = \frac{\overline{MM}'^2}{MV} ;$$

par suite

$$ku\cos^2\alpha = \frac{\omega p}{\delta x - p'}.$$

De sorte que l'équation des lignes de courbure est

(19)
$$\omega p = (\delta x - p')(\delta\alpha + \omega').$$

2° Si M'R est parallèle à MN, l'élément MN appartient à une *ligne asymptotique*. Dans ce cas

$$u = - MV = - (\delta x - p').$$

De sorte que l'équation des lignes asymptotiques est

(20)
$$k(\delta x - p')\cos^2\alpha + \delta\alpha + \omega' = 0.$$

3° Si M'R se confond avec M'M, MN est l'élément conjugué de MM'. Dans ce cas, $u = 0$, et l'équation des lignes conjuguées des trajectoires orthogonales est

(21)
$$\delta\alpha + \omega' = 0.$$

En vertu de l'équation tang $\alpha = kx$, on a

$$\delta\alpha = (k\delta x + x\delta k)\cos^2\alpha.$$

Si l'on remplace, dans les équations précédentes, $\delta\alpha$ par cette valeur, elles deviennent :

$$(19') \qquad \omega p = (\delta x - p')[\omega' + (k\,\delta x + x\,\delta k)\cos^2\alpha],$$
$$(20') \qquad (2\,k\,\delta x + x\,\delta k - kp')\cos^2\alpha + \omega' = 0,$$
$$(21') \qquad (k\,\delta x + x\,\delta k)\cos^2\alpha + \omega' = 0.$$

Au lieu de l'élément $\delta x$, on peut introduire l'angle $i$ que fait la ligne considérée avec la génératrice. On a

$$\cot i = \frac{(\delta x - p')\cos\alpha}{p}.$$

Si l'on porte dans les équations ci-dessus la valeur de $\delta x$ tirée de cette dernière égalité, elles prennent la forme suivante :

$$(19'') \qquad \omega' + 2\omega\cot 2i\,\cos\alpha + (x\,\delta k + kp')\cos^2\alpha = 0,$$
$$(20'') \qquad \omega' + 2\omega\cot i\,\cos\alpha + (x\,\delta k + kp')\cos^2\alpha = 0,$$
$$(21'') \qquad \omega' + \omega\cot i\,\cos\alpha + (x\,\delta k + kp')\cos^2\alpha = 0.$$

On déduit aisément de l'équation $(19')$ que si $\omega p + \omega' p' = 0$, la ligne de striction est une ligne de courbure ; et, dans ce cas, si le coefficient de distribution des plans tangents est constant, toutes les lignes de courbure du même système sont équidistantes de la ligne de striction.

L'équation $(19'')$ montre que l'hélicoïde à plan directeur est la seule surface gauche dont les lignes de courbure coupent les génératrices rectilignes sous un angle constant : cet angle est de 45 degrés.

On sait que si $x$ et $y$ désignent les distances variables de deux points à deux points fixes sur deux droites, la condition, pour que ces points forment deux divisions homographiques sur les deux droites, est

$$A\,xy + B\,x + C\,y + D = 0,$$

A, B, C, D étant des coefficients constants.

Posons $y = x + z$, il vient

$$z = -\frac{D + (B + C)x + A x^2}{A x + C}.$$

Pour que $z$ reste infiniment petit quel que soit $x$, il faut et il suffit que A, B + C et D soient infiniment petits, et que C soit fini; auquel cas la formule précédente se réduit à

$$z = m + nx + px^2,$$

$m$, $n$, $p$ étant des quantités infiniment petites.

Réciproquement, si la différence infiniment petite des distances de deux points variables à deux points fixes sur deux droites est exprimée par une fonction du second degré en $x$ de la forme

$$m + nx + px^2,$$

les deux points variables forment deux divisions homographiques sur les deux droites.

Or l'équation (20′) donne

$$\partial x = \frac{kp' - \omega' - \partial k \cdot x - \omega' k^2 x^2}{2k};$$

donc *les lignes asymptotiques forment sur deux génératrices infiniment voisines, et par suite sur deux génératrices quelconques, deux divisions homographiques.*

Ce théorème, qui est une généralisation d'une propriété bien connue des génératrices de l'hyperboloïde, est dû à M. Paul Serret (*Théorie géométrique des lignes à double courbure*).

L'équation (21′) donne de même

$$\partial x = \frac{-\omega' - \partial kx - \omega' k^2 x^2}{k};$$

donc *les lignes conjuguées des trajectoires orthogonales déterminent sur deux génératrices infiniment voisines, et par suite sur deux génératrices quelconques, des divisions homographiques.*

### Surfaces gauches applicables l'une sur l'autre.

8. Nous supposerons que les génératrices rectilignes des deux surfaces soient des lignes homologues : dès lors leurs trajectoires orthogonales sont aussi des lignes correspondantes. On sait que, dans la déformation d'une surface, la courbure géodésique d'une ligne quelconque ne change pas. Les trajectoires orthogonales doivent donc avoir la même courbure géodésique aux points correspondants. Or les points d'une surface gauche où la courbure géodésique des trajectoires orthogonales est nulle appartiennent à la ligne de striction ; donc les lignes de striction sur les deux surfaces sont des lignes homologues. De plus, les deux surfaces devant avoir la même courbure aux points correspondants, et la courbure en un point de la ligne de striction étant $- k^2$, il en résulte que le coefficient $k$ doit être le même pour les deux surfaces. Réciproquement, si les génératrices correspondantes des deux sur-

faces coupent la ligne de striction sous le même angle, et si le coefficient de distribution des plans tangents est le même pour les deux surfaces, celles-ci sont applicables l'une sur l'autre.

*Applications.* — 1° *Surfaces gauches applicables sur l'héliçoïde à plan directeur.* — La ligne de striction de l'héliçoïde est perpendiculaire sur toutes les génératrices, et le coefficient $k$ est constant pour cette surface. Il en résulte que les surfaces gauches applicables sur l'héliçoïde à plan directeur sont les surfaces formées par les binormales à une courbe dont la seconde courbure est constante et égale à $k$.

2° *Surfaces gauches applicables sur l'hyperboloïde de révolution.* — La ligne de striction de l'hyperboloïde de révolution est le cercle de gorge qui coupe toutes les génératrices sous le même angle; de plus, le coefficient $k$ est constant et égal à

$$\frac{\sin\theta \cdot \dfrac{ds}{R}}{ds \cdot \cos\theta} = \frac{\tang\theta}{R},$$

$\theta$ étant l'angle constant que forme la génératrice avec l'axe, et R le rayon du cercle de gorge.

Donc les surfaces gauches applicables sur l'hyperboloïde de révolution sont celles dont la ligne de striction coupe toutes les génératrices sous le même angle $\theta$, et dont le coefficient $k$ est constant et égal à $\dfrac{\tang\theta}{R}$.

Si l'on se borne aux surfaces gauches à plan directeur, on reconnait facilement que celles de ces surfaces qui sont applicables sur l'hyperboloïde de révolution sont engendrées par une droite qui est tangente à un cylindre de rayon R perpendiculaire au plan directeur, et qui s'appuie sur une hélice ayant pour pas $2\pi R \cot\theta$.

*Théorèmes de Malus et de M. Dupin.*

9. Malus a démontré que des rayons de lumière partis d'un même point et réfléchis sur une surface quelconque restent après leur réflexion normaux à une même surface.

M. Dupin a généralisé ce théorème en faisant voir que des rayons de lumière dirigés suivant les normales à une même surface peuvent être réfléchis ou réfractés à travers une surface quelconque sans perdre la propriété d'être normaux à une même surface.

On peut le reconnaitre de la manière suivante.

Des rayons de lumière normaux à une même surface sont en même temps normaux à toutes les surfaces parallèles qu'on obtient en portant sur chaque rayon une longueur constante à partir de la surface primitive. Ces surfaces, en nombre infini, déterminent sur une surface quelconque S une série (X) de lignes d'intersection (*fig.* 19).

Imaginons les trajectoires orthogonales (Y) de ces lignes, et considérons les rayons qui se réfléchissent aux points d'intersection de deux séries de courbes infiniment voisines. Les rayons AM, $A_1 M_1$, etc., qui tombent sur la ligne $x$, se réfléchissent, dans le plan normal à cette ligne, suivant MN, $M_1 N_1$. Prenons sur ces rayons réfléchis, à partir de la surface, des longueurs égales MB, $M_1 B_1$; les extrémités de ces longueurs forment une ligne $z$ qui coupe les rayons orthogonalement.

Les rayons $A'M'$, $A'_1 M'_1$ qui tombent sur la ligne $x'$ se réfléchissent suivant $M'N'$, $M'_1 N'_1$. Abaissons du point M' la perpendiculaire M'K sur le rayon MB, et prenons à partir de M' une longueur M'B' = KB. Si MK est constant le long de la ligne $x$, le lieu des points B' sera une ligne $z'$ coupant orthogonalement tous les rayons réfléchis sur $x'$; et l'ensemble des lignes $z$, $z'$ formera une surface à laquelle tous les rayons réfléchis seront normaux.

Désignons par $i$ et $r$ les angles d'incidence et de réflexion :

$$MK = MM' \sin r;$$

on doit donc avoir

$$MM' \sin r = \text{const.}$$

Mais MH étant perpendiculaire sur $A'M'$, HM' ou $MM' \sin i$ est aussi constant; donc

$$\frac{\sin i}{\sin r} = \text{const.}$$

Remarquons que le raisonnement qui précède s'applique tout aussi bien aux rayons réfractés. Nous pouvons donc énoncer le théorème suivant :

*La condition nécessaire et suffisante pour que des rayons normaux à une même surface restent, après leur réflexion ou leur réfraction sur une surface quelconque, normaux à une même surface, est que le sinus de l'angle d'incidence soit au sinus de l'angle de réflexion ou de réfraction dans un rapport constant.*

### Théorème de Jacobi. — Théorème plus général.

**10.** Considérons une ligne fermée quelconque : ses binormales forment une surface gauche dont elle est la ligne de striction, et comme elle coupe toutes les génératrices orthogonalement, elle est en même temps une ligne géodésique de la surface. Or nous avons vu que l'aire sphérique correspondant à un contour curviligne fermé est égale à $2\pi$ moins la somme des angles de contingence de ce contour. Donc, *si par le centre d'une sphère on mène des rayons parallèles aux normales principales d'une courbe fermée quelconque, le lieu des extrémités de ces rayons divisera la sphère en deux parties équivalentes.*

L'aire comprise dans une courbe sphérique fermée est égale à $2\pi$ moins la somme des angles de contingence géodésique de cette courbe. Cela revient à dire que si l'on mène à une courbe sphérique fermée des arcs de grand cercle tangents, et qu'on prenne sur ces arcs, dans le même sens, à partir du point de contact, des longueurs égales à un quadrant, le lieu des extrémités de ces longueurs divise la sphère en deux parties équivalentes.

Si donc les rayons menés parallèlement aux génératrices d'une surface gauche déterminent sur la sphère une courbe fermée, on voit facilement, d'après ce qui précède, et en se reportant au n° 5, que *les rayons d'une sphère parallèles aux normales d'une surface gauche, le long de la ligne de striction, déterminent sur cette sphère une courbe fermée qui divise la surface sphérique en deux parties équivalentes;* en d'autres termes, *la somme des angles de contingence géodésique de la ligne de striction d'une surface gauche est égale à zéro.*

—◦◦◦—

## QUATRIÈME PARTIE (*).

### ÉTUDE DES SURFACES A LIGNES DE COURBURE PLANES OU SPHÉRIQUES.

La théorie de ces surfaces a été traitée analytiquement par MM. Bonnet et A. Serret. Nous allons appliquer à leur étude une méthode purement géométrique.

### I. — SURFACES A LIGNES DE COURBURE PLANES.

Si l'on rapporte sur une sphère de rayon $1$ les différents points d'une surface par des rayons parallèles à ses normales extérieures, une ligne quel-

---

(*) Cette dernière partie a fait l'objet d'un Mémoire présenté par l'auteur à l'Académie des Sciences le 15 février 1858.

conque de la surface se transforme en une ligne sphérique correspondante. Les tangentes à une ligne de courbure et à sa transformée en deux points correspondants sont parallèles; par conséquent, les plans osculateurs correspondants sont eux-mêmes parallèles, et forment le même angle, l'un avec la sphère, l'autre avec la surface.

De là les propositions suivantes :

*Les lignes de courbure de la surface ont pour transformées sphériques un double système de lignes orthogonales.*

*A une ligne de courbure plane correspond une ligne sphérique plane, c'est-à-dire un cercle.*

*Le plan d'une ligne de courbure plane coupe la surface partout sous un même angle qui est égal à celui que forme le plan du cercle correspondant avec la sphère.*

Les propriétés d'un double système de lignes de courbure planes vont se déduire de l'étude d'un double système de cercles orthogonaux sur une sphère.

*Double système de cercles se coupant orthogonalement sur une sphère.*

THÉORÈME I. — *Si l'on considère deux cercles infiniment voisins sur une sphère et un système de lignes qui les coupent orthogonalement, les plans osculateurs de ces lignes aux différents points de l'un des cercles passent tous par une même droite.*

En effet, ces plans osculateurs passent par les sommets des deux cônes circonscrits à la sphère le long des deux cercles.

THÉORÈME II. — *Lorsque deux systèmes de cercles se coupent orthogonalement sur une sphère :*

1º *Les plans des cercles d'un même système passent par une même droite;*

2º *Des deux droites d'intersection, l'une est extérieure à la sphère, et l'autre est la ligne de contact des deux plans tangents menés par la première;*

3º *Les plans des deux systèmes de cercles coupent la sphère sous un angle dont le cosinus est proportionnel au cosinus de l'angle que forment ces mêmes plans avec un plan parallèle aux deux droites d'intersection.*

1º Cela résulte immédiatement du théorème précédent.

2º. Considérons la ligne d'intersection des plans d'un même système. Si elle est extérieure à la sphère, les deux plans tangents menés par cette droite feront partie du système de plans dont elle est l'intersection; les deux cercles

6.

correspondants seront réduits aux deux points de contact, et, dès lors, les cercles de l'autre système passeront tous par ces deux points. Si elle coupe la sphère, les deux plans tangents aux points d'intersection feront partie des plans de l'autre système, et, par conséquent, ces derniers plans passeront tous par la droite d'intersection de ces plans tangents.

Nous appellerons *droites réciproques* les deux lignes d'intersection des deux systèmes de plans : le produit de leurs distances au centre de la sphère est égal à l'unité.

3° Désignons par $l$ l'angle sous lequel les plans d'un même système coupent la sphère, par $d$ la distance de la droite d'intersection de ces plans au centre de la sphère, et par $\varphi$ l'angle que forment ces mêmes plans avec un plan parallèle aux deux droites réciproques. La perpendiculaire abaissée du centre de la sphère sur l'un de ces plans est égale à $\cos l$ : cette même perpendiculaire est égale à $d \cos \varphi$; donc

$$\cos l = d \cos \varphi.$$

En désignant par $l'$, $d'$, $\varphi'$ les éléments analogues à $l$, $d$, $\varphi$ pour le second système de plans, on a, de la même manière,

$$\cos l' = d' \cos \varphi';$$

d'où

(1)
$$\cos l \cos l' = \cos \varphi \cos \varphi'.$$

COROLLAIRE I. — *Si les plans d'un système de cercles tracés sur une sphère passent par une même droite, le système orthogonal est formé de cercles dont les plans passent par la droite réciproque.*

COROLLAIRE II. — *Si les plans d'un système de cercles tracés sur une sphère sont parallèles à une droite fixe et coupent la sphère sous un angle dont le cosinus est proportionnel au cosinus de l'angle que forment ces mêmes plans avec un plan parallèle à la droite fixe, ces plans passent par une même droite.*

En effet, considérons le plan P qui passe par le centre de la sphère, est parallèle à la droite fixe et est perpendiculaire au plan fixe, et soit L l'intersection de l'un des plans du système de cercles avec le plan P. En désignant par $l$ l'angle sous lequel ce plan coupe la sphère, par $\varphi$ l'angle qu'il forme avec le plan fixe, et par $d$ la distance de la droite L au centre de la sphère, on a

$$\cos l = d \cos \varphi.$$

Or, d'après l'hypothèse, $\dfrac{\cos l}{\cos \varphi} = $ const; donc $d$ est constant et tous les plans passent par la droite L.

### Double système de lignes de courbure planes.

**Théorème III.** — *Si deux lignes de courbure infiniment voisines d'une surface sont planes, les plans osculateurs des lignes de courbure de l'autre système, aux différents points de l'une de ces lignes, sont parallèles à une même droite.*

**Théorème IV.** — *Si toutes les lignes de courbure d'une surface sont planes, les plans des lignes de courbure d'un système enveloppent un cylindre, les plans des lignes de courbure de l'autre système enveloppent un autre cylindre, et ces deux cylindres ont leurs génératrices perpendiculaires.*

**Théorème V.** — *Lorsque toutes les lignes de courbure d'une surface sont planes, les plans des lignes de courbure de l'un et de l'autre système coupent la surface sous un angle dont le cosinus est proportionnel au cosinus de l'angle que forment ces mêmes plans avec un plan parallèle aux génératrices des deux cylindres enveloppes.*

**Théorème VI.** — *Si les lignes de courbure d'un même système sont planes, si leurs plans sont parallèles à une droite fixe et coupent la surface sous un angle dont le cosinus est proportionnel au cosinus de l'angle que ces mêmes plans forment avec un plan fixe parallèle à la droite, les lignes de courbure de l'autre système sont aussi planes.*

**Théorème VII.** — *Si les lignes de courbure d'un même système sont dans des plans parallèles, les lignes de courbure de l'autre système sont aussi planes; leurs plans coupent la surface orthogonalement et sont parallèles à une même droite.*

En effet, aux lignes de courbure situées dans des plans parallèles correspondent sur la sphère des cercles parallèles, et le système des lignes sphériques qui coupent ces cercles orthogonalement est formé de grands cercles passant par les pôles communs de tous ces petits cercles.

On voit facilement que les lignes de courbure du premier système sont les développantes des sections que déterminent leurs plans dans le cylindre enveloppe des plans des lignes de courbure du second système.

De là résulte la génération connue des surfaces dont les lignes de courbure d'un système sont dans des plans parallèles.

THÉORÈME VIII. — *Réciproquement, si les lignes de courbure d'un système sont dans des plans parallèles à une même droite et coupant la surface orthogonalement, les lignes de courbure de l'autre système sont dans des plans parallèles entre eux, et elles sont les développantes des sections droites que leurs plans déterminent dans le cylindre enveloppe des plans du premier système.*

### Surfaces développables à lignes de courbure planes.

Les génératrices rectilignes d'une surface développable forment un premier système de lignes de courbure; l'autre système est formé des trajectoires orthogonales de ces génératrices. On sait que les portions des différentes génératrices comprises entre deux trajectoires orthogonales sont égales : de plus, si l'une de ces trajectoires est plane, le plan de cette ligne coupe toutes les génératrices sous le même angle. Il résulte de là que si l'une des lignes de courbure du second système est plane, toutes les lignes de courbure de ce système sont planes et situées dans des plans parallèles. En outre, les génératrices de la surface formant le même angle avec le plan d'une de ces lignes de courbure, l'arête de rebroussement est une hélice située sur un cylindre dont les génératrices sont perpendiculaires à ce plan. Ainsi :

THÉORÈME IX. — *L'hélicoïde est la seule surface développable dont toutes les lignes de courbure soient planes.*

### II. — SURFACES A LIGNES DE COURBURE PLANES ET SPHÉRIQUES.

THÉORÈME I. — *Si les lignes de courbure d'un système sont planes, et si leurs plans passent par une même droite, les lignes de courbure de l'autre système sont sphériques, et les sphères qui les contiennent ont leurs centres sur la droite et coupent la surface orthogonalement.*

En effet, considérons deux génératrices infiniment voisines de la surface développable circonscrite à la surface le long d'une ligne du second système. Elles vont évidemment concourir en un certain point de la droite par laquelle passent les plans des lignes de courbure du premier système, et ce point de concours est le même pour tous les couples de génératrices infiniment voisines. Donc la surface développable circonscrite est une surface conique. Dès lors, la courbe de contact qui coupe orthogonalement les génératrices de ce cône est située sur une sphère ayant pour centre le sommet du cône; de plus, cette sphère, coupant le cône à angle droit, coupe aussi orthogonalement la surface à laquelle le cône est circonscrit.

*Remarque.* — Lorsque les lignes de courbure d'un système sont dans des plans parallèles, les lignes de courbure planes de l'autre système sont des lignes géodésiques, puisque leurs plans sont normaux à la surface. Lorsque les lignes de courbure d'un système sont dans des plans passant par une même droite, les lignes de courbure sphériques de l'autre système ont une courbure géodésique constante; car l'une quelconque de ces lignes a la même courbure géodésique, soit sur la surface, soit sur le cône circonscrit le long de cette ligne; de plus, la courbure géodésique d'une ligne tracée sur une surface ne change pas dans la déformation de cette surface, et, lorsqu'on développe le cône sur un plan, la ligne sphérique devient un cercle.

Théorème II. — *Si les lignes de courbure d'un système sont sphériques et se trouvent sur des sphères ayant leurs centres en ligne droite et coupant la surface orthogonalement, les lignes de courbure de l'autre système sont planes et leurs plans passent par la ligne des centres.*

En effet, les tangentes à une même ligne de courbure du second système, étant normales aux sphères qui contiennent les lignes de courbure du premier système, vont passer respectivement par leurs centres. Comme ces centres sont sur une même droite, toutes les tangentes rencontrant cette droite sont évidemment dans un même plan.

Théorème III. — *Si deux lignes de courbure infiniment voisines d'une surface sont situées sur des sphères concentriques, les plans osculateurs des lignes de courbure de l'autre système, le long de l'une d'elles, passent par le centre commun des deux sphères et coupent la surface orthogonalement.*

Soient AB, A′B′ deux lignes de courbure appartenant à des sphères de même centre O, et CD une ligne de courbure de l'autre système coupant les premières en M et M′ (*fig.* 20). Menons la normale MN à la surface; le plan OMN est normal à la courbe AB et contient, par conséquent, l'élément MM′ de la courbe CD. La normale à la surface en M′ est située dans le plan OM′MN; donc ce plan est normal en M′ à la courbe A′B′ et contient l'élément M′M″ de la ligne CD. Ainsi le plan OMN, normal à la surface en M et M′, est le plan osculateur de la courbe CD au point M.

Théorème IV. — *Si toutes les lignes de courbure d'un même système sont situées sur des sphères concentriques, les lignes de courbure de l'autre système*

*sont planes, et leurs plans passent par le centre commun des sphères et coupent
la surface orthogonalement.*

*Remarque I.* — Ce théorème nouveau comprend, comme cas particulier,
le théorème de Monge relatif aux surfaces à lignes de courbure d'un même
système situées dans des plans parallèles. Car, si le centre commun des
sphères se transporte à l'infini, les lignes sphériques deviennent des lignes
planes situées dans des plans parallèles, et les plans des autres lignes de
courbure, au lieu d'envelopper un cône, enveloppent un cylindre.

*Remarque II.* — Les normales à la surface considérée sont toutes tangentes à une surface conique. Ainsi, les seules surfaces à lignes de courbure
sphériques situées sur des sphères concentriques sont les surfaces, étudiées
par Monge, dont toutes les normales sont tangentes à un même cône. (Nous
faisons abstraction des surfaces développables qui seront étudiées plus loin.)

Corollaire. — *Les lignes de courbure planes du second système sont des
courbes superposables.*

En effet, les rayons vecteurs de ces lignes menés du centre commun des
sphères et correspondant à une même ligne sphérique sont égaux ; de plus,
les éléments de ces lignes compris entre deux lignes sphériques consécutives
font le même angle avec les rayons vecteurs correspondants.

De là il résulte que les surfaces à lignes de courbure sphériques situées
sur des sphères concentriques sont engendrées par une courbe plane quelconque dont le plan roule sur un cône. Ce sont des *surfaces moulures* relatives au cône.

Théorème V. — *Si les lignes de courbure d'un système sont situées dans des
plans passant par un même point et coupant la surface orthogonalement, les
lignes de courbure de l'autre système sont situées sur des sphères ayant leur
centre commun en ce point.*

On voit en effet aisément que les plans normaux à une ligne de courbure
du second système passent tous par ce point.

Théorème VI. — *Lorsqu'une surface a deux lignes de courbure sphériques
infiniment voisines situées sur des sphères non concentriques, les plans osculateurs des lignes de courbure de l'autre système, le long de l'une des lignes
sphériques, passent par un même point ou sont parallèles à une même droite.*

Soient AB, A'B' deux lignes de courbure appartenant à des sphères dont
les centres sont O et O' (*fig.* 21). Soit CD une ligne de courbure de l'autre

système coupant les deux lignes sphériques en M et M'. Considérons le plan osculateur de la ligne CD au point M. Les angles que ce plan forme avec la surface en M et M' sont égaux. Soit I le point où il coupe la ligne des centres XY. Menons la tangente MT à la ligne CD. Du point O abaissons la perpendiculaire OP sur cette tangente et la perpendiculaire OK sur le plan IMT. L'angle OMT est le complément de l'angle $l$ sous lequel la première sphère coupe la surface. L'angle KPO est le complément de l'angle $\lambda$ que le plan osculateur forme avec la surface en M et M', et l'angle OIK est le complément de l'angle $\varphi$ que ce même plan osculateur fait avec un plan perpendiculaire à XY. Soit R le rayon de la première sphère. Les triangles OPM, OKP, OKI donnent

$$OP = R \cos l,$$
$$OK = OP \cos \lambda,$$
$$OK = OI \cos \varphi;$$

d'où

$$(2) \qquad OI \cos \varphi = R \cos l \cos \lambda.$$

En désignant par R' le rayon de la seconde sphère et par $l'$ l'angle sous lequel elle coupe la surface, on a de même

$$O'I \cos \varphi = R' \cos l' \cos \lambda;$$

d'où

$$\frac{OI}{O'I} = \frac{R \cos l}{R' \cos l'}.$$

Cette dernière relation, qui convient à tous les plans osculateurs des lignes de courbure du second système le long de AB, montre que tous ces plans passent par le point I.

Si $R \cos l$ était égal à $R' \cos l'$, le point I serait à l'infini, c'est-à-dire que tous les plans osculateurs seraient parallèles à la droite XY.

La relation (2) montre de plus que $\cos \lambda$ est proportionnel à $\cos \varphi$, c'est-à-dire que *le long d'une des deux lignes sphériques, les plans osculateurs des lignes de courbure de l'autre système coupent la surface sous un angle dont le cosinus est proportionnel au cosinus de l'angle que ces mêmes plans forment avec un plan perpendiculaire à la ligne des centres des deux sphères.*

Si les plans osculateurs sont parallèles à XY, les cosinus des angles que ces plans forment avec la surface sont proportionnels à leur distance à cette ligne XY; car, dans ce cas, la formule (2) doit être remplacée par cette autre

$$(3) \qquad OK = R \cos l \cos \lambda.$$

7

Théorème VII. — *Si toutes les lignes de courbure d'un même système, appartiennent à des sphères dont les centres sont sur une même droite XY, et si de plus pour toutes ces sphères le produit R cos l est proportionnel à la distance de leurs centres à un point fixe* I *de la droite XY, les lignes de courbure de l'autre système sont dans des plans passant par ce point fixe et coupant la surface sous un angle dont le cosinus est proportionnel au cosinus de l'angle que forment ces mêmes plans avec un plan perpendiculaire à XY.*

*Si* R cos l *est constant, les lignes de courbure du second système sont dans des plans parallèles à* XY *et coupant la surface sous des angles dont le cosinus est proportionnel à leur distance à cette droite.*

Ce théorème est une conséquence immédiate du précédent.

Théorème VIII. — *Si les lignes de courbure d'un système sont planes, que leurs plans passent par un même point et coupent la surface sous un angle dont le cosinus est proportionnel au cosinus de l'angle que forment ces mêmes plans avec un plan fixe, les lignes de courbure de l'autre système sont sphériques, et les sphères qui les contiennent ont leurs centres sur une même droite perpendiculaire au plan fixe.*

Soit I le point par lequel passent les plans des lignes de courbure du premier système, et XY une droite perpendiculaire au plan fixe ( *fig*. 22). Considérons une ligne de courbure AB du second système. Menons en M un plan normal à cette ligne : ce plan normal coupe XY au point O. Abaissons de ce point la perpendiculaire OP sur la tangente MT à la ligne de courbure CD, et la perpendiculaire OK sur le plan IMT de cette ligne. En désignant par $\lambda$ l'angle que ce plan forme avec la surface, et par $\varphi$ l'angle qu'il forme avec un plan perpendiculaire à XY, on a

$$OK = OP \cos \lambda,$$
$$OK = OI \cos \varphi,$$

d'où

$$\frac{OI}{OP} = \frac{\cos \lambda}{\cos \varphi} = \text{const} = m.$$

Pour un autre plan normal en M' à la ligne AB et coupant XY au point O', on a de même

$$\frac{O'I}{O'P'} = m.$$

Les deux tangentes MT, M'T' à deux lignes de courbure infiniment voisines du premier système sont dans un même plan perpendiculaire au plan OMT ; par conséquent OP' = OP. On a donc

$$\frac{OI}{OP'} = \frac{O'I}{O'P'} = m;$$

d'où

$$\frac{O'I - OI}{O'P' - OP'} = \frac{OO'}{O'G} = \text{const.}$$

De là il résulte que si les plans normaux à la courbe AB coupaient la droite XY en des points différents, les normales à la surface développable circonscrite le long de AB formeraient le même angle avec XY. Cette surface développable serait un hélçoïde, et la ligne AB serait dans un plan perpendiculaire à XY. Comme toutes les lignes du second système ne peuvent être dans des plans perpendiculaires à XY, on peut dire généralement que les plans normaux à une ligne de courbure du second système passent par un même point O de la droite XY, et que, par conséquent, cette ligne de courbure est située sur une sphère ayant pour centre ce point O.

En désignant par R le rayon de cette sphère, par $d$ la distance de son centre au point I, et par $l$ l'angle sous lequel elle coupe la surface, on a

$$d \cos \varphi = R \cos l \cos \lambda,$$

ou

$$\frac{R \cos l}{d} = \text{const.}$$

Théorème IX. — *Si les lignes de courbure d'un système sont planes, si leurs plans sont parallèles à une droite fixe et coupent la surface sous un angle dont le cosinus est proportionnel à la distance de ces plans à la droite fixe, les lignes de courbure de l'autre système sont sphériques, et les sphères qui les contiennent ont leurs centres sur la droite fixe.*

Soient XY (*fig.* 22) la droite à laquelle les plans des lignes de courbure du premier système sont parallèles, et AB une ligne de courbure du second système. Menons les plans normaux en deux points infiniment voisins de cette ligne ; ces plans coupent XY en O et O'. On a

$$OP = \frac{OK}{\cos \lambda} = \text{const};$$

donc

$$OP = O'P' \qquad \text{ou} \qquad OP = O'P,$$

ce qui exige que le point O' soit confondu avec le point O. Ainsi les plans normaux à une ligne quelconque du second système passent par un même point de XY : les lignes de courbure du second système appartiennent donc à des sphères ayant leurs centres sur la droite XY.

En désignant comme précédemment par $d$ la distance de la droite XY à l'un quelconque des plans des lignes de courbure du premier système, par R le rayon d'une sphère et par $l$ l'angle sous lequel elle coupe la surface, on a

$$d = \text{R} \cos l \cos \lambda\,;$$

d'où

$$\text{R} \cos l = \text{const.}$$

Théorème X. — *Si deux lignes de courbure infiniment voisines d'un système sont sphériques et que les lignes de courbure de l'autre système soient planes, les plans de ces dernières passent tous par un même point et coupent la surface sous un angle dont le cosinus est proportionnel au cosinus de l'angle qu'ils forment avec un plan fixe, et, par conséquent, toutes les lignes de courbure du premier système sont sphériques.*

Le point par lequel passent les plans des lignes de courbure du second système peut être à l'infini; et alors ces plans sont parallèles à une même droite et coupent la surface sous un angle dont le cosinus est proportionnel à leur distance à cette droite.

Théorème XI. — *Si trois lignes de courbure infiniment voisines d'un système sont planes et que les lignes de courbure de l'autre système soient sphériques, les centres des sphères qui contiennent ces dernières sont en un même point ou sur une même droite*; dans ce dernier cas, R $\cos l$ *est constant ou proportionnel à la distance des centres des sphères à un point fixe de la droite; par conséquent, toutes les lignes de courbure du premier système sont planes.*

Théorème XII. — *Si trois lignes de courbure infiniment voisines d'un système sont planes, les sphères osculatrices des lignes de courbure de l'autre système, le long de l'une des lignes planes, ont leurs centres en un même point ou sur une même droite, et de plus, dans ce dernier cas, pour toutes ces sphères, R $\cos l$ est constant ou proportionnel à la distance de leurs centres à un point fixe de la droite.*

*Conclusion.*

Théorème XIII. — *Dans une surface à lignes de courbure planes et sphé-*

*riques, les plans des lignes de courbure planes passent par un même point ou sont parallèles à une même droite, ou passent par une même droite.*

Dans le premier cas, *les sphères qui contiennent les lignes sphériques ont leurs centres en un même point ou sur une même droite.*

Dans les autres cas, *les·centres des sphères sont sur une même droite.*

*Lorsque les centres des sphères sont en un même point, les plans coupent la surface orthogonalement.*

*Lorsque les centres des sphères sont sur une même droite, suivant que* R cos *l est constant ou proportionnel à la distance de ces centres à un point fixe, les plans coupent la surface sous un angle dont le cosinus est proportionnel à leur distance à la ligne des centres, ou au cosinus de l'angle qu'ils forment avec un plan perpendiculaire à cette ligne.*

*Surfaces développables à lignes de courbure sphériques.*

THÉORÈME XIV. — *Si l'une des lignes de courbure d'une surface développable est sphérique, toutes les autres lignes de courbure sont aussi sphériques et situées sur des sphères concentriques.*

Cela résulte de ce que les portions de génératrices comprises entre deux lignes de courbure sont égales, et que les génératrices forment le même angle avec les rayons correspondants de la sphère qui contient l'une des lignes de courbure.

THÉORÈME XV. — *Les seules surfaces développables dont les lignes de courbure soient sphériques sont les surfaces circonscriptibles à une sphère.*

On voit en effet que les plans tangents·à la surface, formant le même angle avec la sphère qui contient l'une des lignes de courbure, sont tous à égale distance du centre de cette sphère.

*Surfaces dont toutes les normales sont tangentes à une même sphère.*

La génération de ces surfaces, donnée par Monge, se déduit facilement de ce qui précède. En effet, les surfaces développables formées par les normales aux différents points des lignes de courbure d'un même système sont circonscrites à une même sphère; dès lors, ces lignes de courbure sont sphériques et situées sur des sphères concentriques. Par suite, en vertu d'un théorème précédent, les autres lignes de courbure de la surface sont planes:

leurs plans coupent la surface à angle droit et passent par le centre commun de toutes les sphères.

Ainsi les surfaces dont il s'agit ont la même génération que les surfaces dont toutes les normales sont tangentes à un cône; seulement la génératrice, au lieu d'être une courbe quelconque, est la développante d'un cercle ayant pour centre le sommet du cône.

## APPENDICE.

Les théorèmes VI et XII peuvent être présentés sous une forme qui exprime une propriété générale des surfaces ayant un seul système de lignes de courbure planes ou sphériques.

THÉORÈME XVI. — *Dans les surfaces qui ont un système de lignes de courbure sphériques, les plans osculateurs des lignes de courbure de l'autre système, le long d'une ligne sphérique, passent par un même point ou sont parallèles à une même droite. De plus, ou ils sont normaux à la surface le long de cette ligne, ou ils la coupent sous un angle dont le cosinus est proportionnel au cosinus de l'angle qu'ils forment avec un plan fixe, ou à leur distance à une droite fixe.*

THÉORÈME XVII. — *Dans les surfaces qui ont un système de lignes de courbure planes, les sphères osculatrices des lignes de courbure de l'autre système, le long d'une ligne plane, ont leurs centres en un même point ou sur une même droite, et, dans ce dernier cas, $R \cos l$ est constant ou proportionnel à la distance de leurs centres à un point fixe.*

### III. — SURFACES A LIGNES DE COURBURE SPHÉRIQUES.

1. On peut rattacher la théorie de ces surfaces à celle des surfaces à lignes de courbure planes ou à lignes de courbure planes et sphériques, en montrant que les premières se déduisent des dernières au moyen d'une transformation par rayons vecteurs réciproques.

Il suffit de considérer les sphères qui contiennent trois lignes de courbure infiniment voisines d'un même système. Ces trois sphères ont ou deux points communs ou un point commun avec une tangente commune en ce point, ou un cercle commun qui peut se réduire à un point, ou bien elles n'ont aucun point réel commun.

Lorsqu'il y a au moins un point commun, en prenant ce point pour centre de transformation, on obtient une surface qui a trois lignes de courbure planes dans un système et des lignes de courbure planes ou sphériques dans l'autre; par conséquent, cette surface transformée a toutes ses lignes de courbure planes dans un système et planes ou sphériques dans l'autre.

Mais si les trois sphères n'ont aucun point commun, la méthode précédente se trouve en défaut.

Ce cas peut-il se présenter, et, s'il se présente, peut-on, au moyen d'une dilatation ou d'une contraction convenable de la surface, le ramener au cas général?

Pour répondre à ces questions, nous attaquerons le problème directement en cherchant la relation générale qui existe entre les sphères auxquelles appartiennent les lignes de courbure des deux systèmes.

Une formule très-simple lie entre eux les angles sous lesquels les sphères coupent la surface, et l'angle que les sphères d'un système forment avec les sphères de l'autre système; et cette formule n'est pas particulière à deux systèmes de sphères : elle s'applique également à deux systèmes de plans ou à un système de sphères et un système de plans.

De là une théorie nouvelle tout élémentaire, et des surfaces à lignes de courbure planes, et des surfaces à lignes de courbure planes et sphériques, et des surfaces à lignes de courbure sphériques.

Nous indiquerons rapidement l'application de cette nouvelle méthode aux deux premières catégories de surfaces qui ont été déjà étudiées en détail, et nous développerons tous les résultats qu'elle fournit pour les surfaces à lignes de courbure sphériques.

*Nouvelle méthode applicable aux trois catégories de surfaces.*

2. *Théorème fondamental.* — Considérons deux lignes de courbure sphériques AA', BB' (*fig.* 23), appartenant à des sphères qui coupent la surface sous des angles $l$ et $\lambda$. Les plans tangents à ces deux sphères et le plan tangent à la surface en M forment un angle trièdre qui donne

$$(4) \qquad \cos\psi = \cos l \cos \lambda,$$

$\psi$ désignant l'angle des plans tangents aux deux sphères.

On peut substituer à ces sphères deux plans, ou un plan et une sphère. Donc :

*Lorsque toutes les lignes de courbure d'une surface sont planes, le plan de chacune de ces lignes coupe les plans des lignes de l'autre système sous un angle dont le cosinus est proportionnel au cosinus de l'angle que forment ces mêmes plans avec la surface.*

*Lorsque les lignes de courbure d'un système sont planes et les lignes de courbure de l'autre système sphériques, chaque sphère coupe les plans sous un angle dont le cosinus est proportionnel au cosinus de l'angle que forment ces mêmes plans avec la surface; et chaque plan coupe toutes les sphères sous un angle dont le cosinus est proportionnel au cosinus de l'angle que forment ces mêmes sphères avec la surface.*

*Lorsque toutes les lignes de courbure d'une surface sont sphériques, chacune des sphères d'un système coupe toutes les sphères de l'autre système sous un angle dont le cosinus est proportionnel au cosinus de l'angle que forment ces dernières sphères avec la surface.*

### Surfaces à lignes de courbure planes.

3. Considérons les plans de deux lignes de courbure d'un système, et cherchons le système de plans qui les coupent sous des angles dont les cosinus ont un rapport constant.

Menons par le centre d'une sphère des droites perpendiculaires aux plans. L'angle de deux de ces droites étant égal à l'angle des deux plans correspondants, on voit facilement que la question est ramenée à celle-ci :

*Quelle est sur une sphère le lieu géométrique des points dont les distances angulaires à deux points fixes ont des cosinus proportionnels entre eux?*

Le lieu de ces points est un grand cercle perpendiculaire sur celui qui joint les deux points fixes. Donc les perpendiculaires menées par un même point sur les plans des lignes de courbure du second système sont dans un même plan; donc enfin :

*Les plans des lignes de courbure du second système enveloppent un cylindre.*

De même, *les plans des lignes de courbure du premier système enveloppent un cylindre; et les deux cylindres enveloppés ont leurs génératrices perpendiculaires.*

Les perpendiculaires menées par le centre de la sphère sur les plans des deux systèmes de lignes de courbure déterminent deux grands cercles AA', BB' (*fig.* 24). Considérons deux points M et N correspondant à deux plans de systèmes différents. L'arc MN mesure l'angle de ces deux plans. Désignons cet angle par $\psi$. En appelant $\alpha$ et $\beta$ les arcs CM et CN, on a, dans le triangle sphérique MCN,

$$\cos \psi = \cos \alpha \cos \beta;$$

mais, $l$ et $\lambda$ désignant les angles sous lesquels les deux plans coupent la surface, on a également

$$\cos\psi = \cos l \cos\lambda,$$

d'où

$$(5) \qquad \cos l \cos\lambda = \cos\alpha \cos\beta.$$

La droite OC est perpendiculaire aux génératrices des deux cylindres enveloppes ; donc *les plans des lignes de courbure d'un système coupent la surface
sous un angle dont le cosinus est proportionnel au cosinus de l'angle que forment
ces mêmes plans avec un plan fixe.*

Comme le plan osculateur d'une ligne de courbure forme en deux points
infiniment voisins le même angle avec la surface, on peut encore déduire de
ce qui précède le théorème suivant :

*Dans toute surface à lignes de courbure d'un système planes, les plans oscula-
teurs des lignes de courbure de l'autre système, le long d'une ligne du premier,
sont parallèles à une même droite et coupent la surface sous un angle dont le
cosinus est proportionnel au cosinus de l'angle que ces mêmes plans forment avec
un plan fixe.*

### Surfaces à lignes de courbure planes et sphériques.

4. Considérons les plans de deux lignes de courbure planes et proposons-
nous de trouver un système de sphères qui coupent ces deux plans sous des
angles dont les cosinus soient proportionnels aux cosinus des angles que ces
plans forment avec la surface. Désignons par R le rayon d'une sphère, par $\psi$
et $\psi'$ les angles sous lesquels elle coupe les deux plans, et appelons $p$ et $p'$ les
perpendiculaires abaissées de son centre sur les deux plans. On a

$$p = R\cos\psi,$$
$$p' = R\cos\psi',$$

d'où

$$\frac{p}{p'} = \frac{\cos\psi}{\cos\psi'} = \text{const} ;$$

donc les centres des sphères sont situés dans un même plan. Si au lieu de
deux lignes planes nous en considérons trois, nous reconnaîtrons que les
centres des sphères se trouvent généralement sur une même droite.

Examinons rapidement les différents cas qui peuvent se présenter.

1° Les trois plans considérés passent par un même point. On voit facilement que les centres des sphères sont sur une même droite passant par ce

point, et par suite que tous les plans des lignes de courbure du premier système passent par ce même point (nous excluons le cas où les plans des lignes de courbure planes coupent la surface orthogonalement, auquel cas les lignes de courbure de l'autre système sont situées sur des sphères concentriques). Si l'on désigne par $d$ la distance du centre d'une sphère au point de concours des plans, et par $\varphi$ l'angle que forme un de ces plans avec un plan perpendiculaire à la ligne des centres, on a

$$p = d\cos\varphi :$$

mais

$$p = \mathrm{R}\cos\psi = \mathrm{R}\cos l \cos\lambda ;$$

donc

$$(6) \qquad \mathrm{R}\cos l \cos\lambda = d\cos\varphi,$$

formule déjà obtenue par une autre méthode, et dont les conséquences ont été énoncées précédemment.

2° Les trois plans sont parallèles à une même droite. Dans ce cas, les centres des sphères sont sur une même droite, et tous les plans des lignes de courbure du premier système sont parallèles à cette droite. De plus, on a la relation

$$(7) \qquad p = \mathrm{R}\cos l \cos\lambda ;$$

donc, etc.

3° Lorsque les trois plans passent par une même droite, les centres des sphères sont nécessairement sur cette droite, et par suite tous les plans des lignes de courbure du premier système contiennent cette même droite. La formule (7) devient dans ce cas

$$(8) \qquad \mathrm{R}\cos l \cos\lambda = 0 ;$$

donc tous les plans coupent la surface orthogonalement, auquel cas la surface est de révolution, ou toutes les sphères coupent la surface orthogonalement.

Il n'y a pas lieu d'examiner le cas où les trois plans sont parallèles, car on sait que, si tous les plans des lignes de courbure d'un système sont parallèles, les lignes de courbure de l'autre systèmes sont planes.

Comme la sphère osculatrice d'une ligne de courbure forme en trois points infiniment voisins le même angle avec la surface, on déduit de ce qui précède le théorème suivant, déjà énoncé (théor. XVII) :

*Dans une surface à lignes de courbure d'un système planes, les sphères oscu-*

*latrices des lignes de courbure de l'autre système, le long d'une ligne plane, ont leurs centres en un même point ou sur une même droite; et dans ce dernier cas, le produit du rayon de chaque sphère par le cosinus de l'angle qu'elle forme avec la surface est constant ou proportionnel à la distance de son centre à un point fixe situé sur la ligne des centres.*

Si on considérait deux sphères et qu'on cherchât le système de plans qui coupent ces sphères sous des angles dont les cosinus sont proportionnels aux cosinus des angles que ces sphères forment avec la surface, on reconnaitrait aisément que tous les plans passent par un même point ou une même droite.

De là on peut déduire le théorème relatif aux plans osculateurs des lignes de courbure d'un système, le long de deux lignes de courbure sphériques infiniment voisines de l'autre système, lequel théorème a déjà été énoncé (théor. XVI).

*Surfaces à lignes de courbure sphériques dans les deux systèmes.*

5. Comme nous aurons dans ce qui suit à dilater une surface d'une quantité constante dans le sens de ses normales, nous établirons d'abord un théorème relatif à cette dilatation.

*Lorsqu'on dilate une surface d'une quantité constante dans le sens de ses normales, à une ligne de courbure plane correspond, après la dilatation, une ligne de courbure plane, et à une ligne de courbure sphérique une autre ligne de courbure sphérique; de plus, les plans correspondants sont parallèles, et les sphères correspondantes sont concentriques.*

Considérons d'abord une ligne de courbure plane. Les normales à la surface le long de cette ligne forment le même angle avec son plan. Donc, si l'on prend sur ces normales des longueurs égales à partir de leur pied, les extrémités de ces longueurs seront à la même distance du plan de la ligne de courbure, c'est-à-dire seront elles-mêmes dans un plan parallèle.

Soit maintenant une ligne de courbure sphérique. Les normales à la surface le long de cette ligne forment le même angle avec les rayons correspondants de la sphère qui la contient; si donc on prend sur ces normales, à partir de leur pied, des longueurs égales, les extrémités de ces longueurs seront à la même distance du centre de la sphère, c'est-à-dire seront situées sur un système concentrique.

Si l'on désigne par $r$ le rayon de la première sphère, par $\lambda$ l'angle sous lequel elle coupe la surface, par R le rayon de la seconde sphère et par $n$ la quantité de dilatation, on a la relation

$$(9) \qquad R^2 = r^2 + n^2 + 2\,nr\cos\lambda.$$

8.

Soit maintenant une surface dont toutes les lignes de courbure sont sphériques.

*Premier cas.* — Considérons trois sphères quelconques d'un même système et supposons leurs centres en ligne droite; prenons cette droite pour axe des $z$; désignons par $\gamma'$, $\gamma''$, $\gamma'''$ les distances des centres au plan des $xy$; par $\rho'$, $\rho''$, $\rho'''$ les rayons des sphères, et par $\lambda'$, $\lambda''$, $\lambda'''$ les angles sous lesquels elles coupent la surface. Soit R le rayon d'une sphère de l'autre système, $l$ l'angle qu'elle forme avec la surface, et $a$, $b$, $c$ les coordonnées de son centre. Cette sphère coupe celles du premier système sous des angles dont les cosinus sont égaux respectivement à $\cos l \cos \lambda'$, $\cos l \cos \lambda''$, $\cos l \cos \lambda'''$. On a donc

$$(1) \qquad a^2 + b^2 + (c - \gamma')^2 = R^2 + \rho'^2 - 2R \cos l \, \rho' \cos \lambda',$$

$$(2) \qquad a^2 + b^2 + (c - \gamma'')^2 = R^2 + \rho''^2 - 2R \cos l \, \rho'' \cos \lambda'',$$

$$(3) \qquad a^2 + b^2 + (c - \gamma''')^2 = R^2 + \rho'''^2 - 2R \cos l \, \rho''' \cos \lambda''',$$

et par suite,

$$(4) \qquad 2c(\gamma'' - \gamma') + \gamma'^2 - \gamma''^2 = \rho'^2 - \rho''^2 - 2R \cos l (\rho' \cos \lambda' - \rho'' \cos \lambda''),$$

$$(5) \qquad 2c(\gamma''' - \gamma') + \gamma'^2 - \gamma'''^2 = \rho'^2 - \rho'''^2 - 2R \cos l (\rho' \cos \lambda' - \rho''' \cos \lambda''').$$

$1°$ Supposons $\rho' \cos \lambda'$ différent de $\rho'' \cos \lambda''$ et de $\rho''' \cos \lambda'''$.

Les équations (4) et (5) déterminent pour $c$ et $R \cos l$ des valeurs constantes; donc *les centres des sphères du second système sont dans un même plan perpendiculaire à l'axe des $z$, et le produit du rayon de chaque sphère par le cosinus de l'angle qu'elle forme avec la surface est constant.*

Prenons pour plan des $xy$ le plan des centres des sphères du second système, c'est-à-dire faisons $c = 0$ dans les équations (4) et (5). Les valeurs de $R \cos l$ que l'on tire alors de ces équations doivent être égales :

$$- R \cos l = \frac{\gamma'^2 - \gamma''^2 - \rho'^2 + \rho''^2}{2(\rho' \cos \lambda' - \rho'' \cos \lambda'')} = \frac{\gamma'^2 - \gamma'''^2 - \rho'^2 + \rho'''^2}{2(\rho' \cos \lambda' - \rho''' \cos \lambda''')} = k;$$

d'où

$$\rho'^2 + 2k\rho' \cos \lambda' - \gamma'^2 = \rho''^2 + 2k\rho'' \cos \lambda'' - \gamma''^2 = \rho'''^2 + 2k\rho''' \cos \lambda''' - \gamma'''^2 = k',$$

ou généralement, pour les trois sphères,

$$(6) \qquad \rho^2 + 2k\rho \cos \lambda - \gamma^2 = k'.$$

L'équation (1) donne

$$R^2 = a^2 + b^2 + \gamma'^2 - 2k\rho' \cos \lambda' - \rho'^2$$

ou

$$(7) \qquad \mathrm{R}^2 = a^2 + b^2 - k'.$$

L'équation générale des sphères du second système, savoir :

$$(x - a)^2 + (y - b)^2 + z^2 = \mathrm{R}^2,$$

devient, par la substitution de la valeur de $\mathrm{R}^2$,

$$(8) \qquad x^2 + y^2 - 2\,ax - 2\,by + z^2 = -k'.$$

Cette équation est vérifiée, quels que soient $a$ et $b$, pour

$$x = 0, \quad y = 0, \quad z = \pm \sqrt{-k'}.$$

Donc *toutes les sphères du second système passent par deux mêmes points situés sur l'axe des $z$.*

Si $k' = 0$, les deux points se réduisent à un seul; toutes les sphères ont une tangente commune en ce point.

Si $k' > 0$, les deux points communs sont imaginaires; mais si l'on dilate la surface de la quantité $n$, l'équation des sphères du second système devient

$$(9) \qquad x^2 + y^2 - 2\,ax - 2\,by + z^2 = n^2 - 2kn - k'.$$

On peut toujours disposer $n$ de manière à rendre le second membre de cette équation positif, c'est-à-dire les deux points communs réels.

$2°$ Examinons maintenant le cas où

$$\rho' \cos\lambda' = \rho'' \cos\lambda'' = \rho''' \cos\lambda''' = k.$$

Les équations (4) et (5) deviennent, dans ce cas,

$$(4') \qquad 2\,c\,(\gamma'' - \gamma') + \gamma'^2 - \gamma''^2 = \rho'^2 - \rho''^2,$$
$$(5') \qquad 2\,c\,(\gamma''' - \gamma') + \gamma'^2 - \gamma'''^2 = \rho'^2 - \rho'''^2,$$

et pour que ces dernières équations soient compatibles, il faut que l'on ait

$$\frac{\rho'^2 - \rho''^2 - \gamma'^2 + \gamma''^2}{\gamma'' - \gamma'} = \frac{\rho'^2 - \rho'''^2 - \gamma'^2 + \gamma'''^2}{\gamma''' - \gamma'} = k';$$

d'où

$$(10) \qquad \rho'^2 + k'\gamma' - \gamma'^2 = \rho''^2 + k'\gamma'' - \gamma''^2 = \rho'''^2 + k'\gamma''' - \gamma'''^2 = k''.$$

L'équation générale des trois sphères est

$$x^2 + y^2 + (z - \gamma)^2 = \rho^2.$$

Si l'on remplace $\rho^2$ par sa valeur, elle devient

$$x^2 + y^2 + z^2 - 2\gamma z = k'' - k'\gamma.$$

Cette équation est vérifiée, quel que soit $\gamma$, pour

$$z = \frac{k'}{2} \quad \text{et} \quad x^2 + y^2 = k'' - \frac{k'^2}{4}.$$

Donc *les sphères contiennent un même cercle.*

Dans le cas où $k'' = \frac{k'^2}{4}$, le cercle commun se réduit à un point; les sphères sont tangentes en ce point.

Si $k''$ est plus petit que $\frac{k'^2}{4}$, le cercle commun est imaginaire; mais si l'on dilate la surface de la quantité $n$, les équations du cercle commun deviennent

$$z = \frac{k'}{2}, \quad x^2 + y^2 = n^2 + 2kn + k'' - \frac{k'^2}{4}.$$

On peut disposer de la quantité de dilatation $n$ de manière à rendre positif le second membre de cette dernière équation, c'est-à-dire le cercle réel.

L'équation $(4')$ montre que *les centres des sphères du second système sont tous dans un même plan perpendiculaire à l'axe des $z$.*

Si l'on prend ce plan pour plan des $xy$, l'équation $(1)$ donne

$$(11) \qquad R^2 - 2kR \cos l = a^2 + b^2 + k'\gamma' - k'' = a^2 + b^2 + k'''.$$

Telle est la relation qui existe entre les rayons des sphères du second système, les coordonnées de leur centre et l'angle sous lequel elles coupent la surface.

*Second cas.* — Considérons généralement trois sphères dont les centres ne soient pas en ligne droite.

Prenons pour plan des $yz$ le plan des trois centres et désignons par $o\beta'\gamma'$, $o\beta''\gamma''$, $o\beta'''\gamma'''$ leurs coordonnées. Nous avons

$$(1) \qquad a^2 + (b - \beta')^2 + (c - \gamma')^2 = R^2 + \rho'^2 - 2R \cos l\rho' \cos \lambda',$$

$$(2) \qquad a^2 + (b - \beta'')^2 + (c - \gamma'')^2 = R^2 + \rho''^2 - 2R \cos l\rho'' \cos \lambda'',$$

$$(3) \qquad a^2 + (b - \beta''')^2 + (c - \gamma''')^2 = R^2 + \rho'''^2 - 2R \cos l\rho''' \cos \lambda''',$$

d'où

(4)
$$\begin{cases} 2b(\beta'' - \beta') + 2c(\gamma'' - \gamma') + \beta'^2 + \gamma'^2 - \beta''^2 - \gamma''^2 \\ = \rho'^2 - \rho''^2 - 2R\cos l(\rho'\cos\lambda' - \rho''\cos\lambda''), \end{cases}$$

(5)
$$\begin{cases} 2b(\beta''' - \beta') + 2c(\gamma''' - \gamma') + \beta'^2 + \gamma'^2 - \beta'''^2 - \gamma'''^2 \\ = \rho'^2 - \rho'''^2 - 2R\cos l(\rho'\cos\lambda' - \rho'''\cos\lambda'''). \end{cases}$$

$1^\circ$ Soit d'abord

$$\rho'\cos\lambda' = \rho''\cos\lambda'' = \rho'''\cos\lambda''' = k.$$

Les équations (4) et (5) deviennent, dans ce cas,

(4')
$$2b(\beta'' - \beta') + 2c(\gamma'' - \gamma') + \beta'^2 + \gamma'^2 - \beta''^2 - \gamma''^2 = \rho'^2 - \rho''^2,$$

(5')
$$2b(\beta''' - \beta') + 2c(\gamma''' - \gamma') + \beta'^2 + \gamma'^2 - \beta'''^2 - \gamma'''^2 = \rho'^2 - \rho'''^2.$$

Ces dernières équations étant du premier degré par rapport à $b$ et $c$, représentent une ligne droite; donc *les centres des sphères du second système sont sur une même droite perpendiculaire au plan des yz.*

Prenons cette droite pour axe des $x$, c'est-à-dire faisons, dans les équations (4') et (5'), $b = 0$, $c = 0$ : elles donnent alors

$$\rho'^2 - \rho''^2 - \beta'^2 - \gamma'^2 + \beta''^2 + \gamma''^2 = \rho'^2 - \rho'''^2 - \beta'^2 - \gamma'^2 + \beta'''^2 + \gamma'''^2 = 0:$$

d'où

$$\rho'^2 - \beta'^2 - \gamma'^2 = \rho''^2 - \beta''^2 - \gamma''^2 = \rho'''^2 - \beta'''^2 - \gamma'''^2 = k',$$

ou généralement, pour les trois sphères,

(6)
$$\rho^2 = \beta^2 + \gamma^2 + k'.$$

L'équation générale de ces sphères devient, par la substitution de cette valeur de $\rho^2$,

(7)
$$x^2 + y^2 - 2\beta y - 2\gamma z + z^2 = k'.$$

On voit qu'elles passent par les deux points dont les coordonnées sont

$$y = 0, \quad z = 0, \quad x = +\sqrt{k'},$$
$$y = 0, \quad z = 0, \quad x = -\sqrt{k'}.$$

Si $k'$ était négatif, on reconnaîtrait, comme précédemment, qu'en dilatant la surface d'une quantité convenable, on pourrait rendre les deux points communs réels.

L'équation (1) donne

$$(8) \qquad R^2 - 2kR\cos l - a^2 = -k'.$$

2° Supposons maintenant $\rho'\cos\lambda'$ différent de $\rho''\cos\lambda''$ et de $\rho'''\cos\lambda'''$.
Il y a deux cas à examiner.
Soit d'abord

$$R\cos l = \text{const} = k.$$

Les équations (4) et (5) représentent, dans ce cas, une ligne droite; donc *les centres des sphères du second système sont sur une même droite perpendiculaire au plan des $yz$.*

Prenons cette droite pour axe des $x$, c'est-à-dire faisons $b = 0$, $c = 0$, dans les équations (4) et (5) : elles donnent alors

$$\rho'^2 - 2k\rho'\cos\lambda' - \beta'^2 - \gamma'^2 = \rho''^2 - 2k\rho''\cos\lambda'' - \beta''^2 - \gamma''^2$$
$$= \rho'''^2 - 2k\rho'''\cos\lambda''' - \beta''' - \gamma'''^2 = k',$$

ou généralement,

$$(9) \qquad \rho^2 - 2k\rho\cos\lambda - \beta^2 - \gamma^2 = k'.$$

De l'équation (1) on tire

$$R^2 = a^2 + \beta'^2 + \gamma'^2 - \rho'^2 + 2k\rho'\cos\lambda',$$

ou

$$(10) \qquad R^2 = a^2 - k',$$

Substituons cette valeur de $R^2$ dans l'équation des sphères du second système, elle devient

$$(11) \qquad x^2 + y^2 + z^2 - 2ax = -k'.$$

Cette équation est vérifiée, quel que soit $a$, pour $x = 0$, $y^2 + z^2 = -k'$; donc *les sphères du second système contiennent un même cercle qu'on peut toujours rendre nul, s'il ne l'est pas, par une dilatation convenable de la surface.*

Soit $R\cos l$ variable d'une sphère à l'autre : c'est le cas général.

L'élimination de $R\cos l$ entre les équations (4) et (5) conduit à l'équation d'un plan perpendiculaire au plan de $yz$; donc *les centres de toutes les sphères du second système sont dans un même plan perpendiculaire au plan des centres des trois sphères de l'autre système.*

Prenons ce plan pour plan de $xy$; il faut faire $c = 0$ dans les équations (4) et (5), et alors elles doivent être identiques. On a donc

$$\frac{\beta'' - \beta'}{\rho' \cos\lambda' - \rho'' \cos\lambda''} = \frac{\beta''' - \beta'}{\rho' \cos\lambda' - \rho'' \cos\lambda'''} = k,$$

$$\frac{\beta'^2 + \gamma'^2 - \beta''^2 - \gamma''^2 - \rho'^2 + \rho''^2}{2(\rho' \cos\lambda' - \rho'' \cos\lambda'')} = \frac{\beta'^2 + \gamma'^2 - \beta'''^2 - \gamma'''^2 - \rho'^2 + \rho'''^2}{2(\rho' \cos\lambda' - \rho''' \cos\lambda''')} = k',$$

d'où

$$k\rho' \cos\lambda' + \beta' = k\rho'' \cos\lambda'' + \beta'' = k\rho''' \cos\lambda''' + \beta''' = k'',$$

ou généralement

$$(12) \qquad k\rho \cos\lambda + \beta = k'',$$

et

$$\rho'^2 + 2k'\rho' \cos\lambda' - \beta'^2 - \gamma'^2 = \rho''^2 + 2k'\rho'' \cos\lambda'' - \beta''^2 - \gamma''^2$$
$$= \rho'''^2 + 2k'\rho''' \cos\lambda''' - \beta'''^2 - \gamma'''^2 = k''',$$

ou

$$(13) \qquad \rho^2 + 2k'\rho \cos\lambda - \beta^2 - \gamma^2 = k'''.$$

Substituant dans cette dernière équation la valeur de $\rho \cos\lambda$, tirée de l'équation (12), nous obtenons ainsi

$$(14) \qquad \rho^2 = 2\frac{k'}{k}\beta + \beta^2 + \gamma^2 + k''' - \frac{2k'k''}{k}.$$

L'équation générale des trois sphères devient alors

$$x^2 + y^2 + z^2 - 2\beta y - 2\gamma z = 2\frac{k'}{k}\beta + k''' - \frac{2k'k''}{k}.$$

Elle est vérifiée, quels que soient $\beta$ et $\gamma$, pour

$$z = 0, \quad y = -\frac{k'}{k}, \quad x = \pm\sqrt{k''' - 2\frac{k'k''}{k} - \frac{k'^2}{k^2}};$$

*les trois sphères ont donc deux points communs.*

L'équation (4) donne

$$(15) \qquad R \cos l = - kb - k',$$

et l'équation (1)

$$R^2 - 2(kb + k')\rho' \cos\lambda' = a^2 + b^2 - 2b\beta' + \beta'^2 + \gamma'^2 - \rho'^2$$

ou

$$(16) \qquad R^2 + 2k''b - a^2 - b^2 + k''' = 0.$$

L'équation des sphères du second système, quand on y a remplacé $R^2$ par sa valeur tirée de l'équation précédente, devient

$$x^2 + y^2 + z^2 - 2ax - 2by = -2k''b + k'''.$$

Cette équation est vérifiée, quels que soient $a$ et $b$, pour

$$x = 0, \quad y = k'', \quad z = \pm \sqrt{k''' - k''^2};$$

donc *toutes les sphères du second système passent par deux mêmes points.*

Si $k'''$ est plus petit que $k''^2$, les points communs seront imaginaires. Dilatons la surface de la quantité $n$ : l'équation des sphères du second système devient

$$x^2 + y^2 + z^2 - 2ax - 2by = -2k''b + k'''b + k''' + n^2 + 2nR\cos l,$$

ou

$$x^2 + y^2 + z^2 - 2ax - 2by = -2(k'' + kn)b + n^2 + k''' - 2nk'.$$

On voit qu'elles passent toutes par les deux points

$$x = 0, \quad y = k'' + kn, \quad z = \pm \sqrt{n^2 + k''' - 2k'n - (k'' + kn)^2}.$$

Le coefficient de $n^2$ sous le radical est $1 - k^2$. L'équation des trois sphères du premier système devient, après la dilatation,

$$x^2 + y^2 + zz^2 - 2\beta y - 2\gamma z = 2\left(\frac{k'}{k} - \frac{n}{k}\right)\beta + n^2 + k''' - 2\frac{k'k''}{k} + 2n\frac{k''}{k}.$$

Cette équation est vérifiée, quels que soient $\beta$ et $\gamma$, pour

$$z = 0, \quad y = \frac{n - k'}{k}, \quad x = \pm \sqrt{n^2 + k''' - 2\frac{k'k''}{k} + 2n\frac{k''}{k} - \left(\frac{n - k'}{k}\right)^2}.$$

Le coefficient de $n^2$ sous le radical est $1 - \frac{1}{k^2}$. Donc, quelle que soit la valeur de $k$, on pourra toujours disposer de la quantité de dilatation $n$, de manière à rendre réels, sinon les points communs aux sphères de l'un et l'autre système, mais au moins les points communs aux sphères de l'un des systèmes.

*Conclusion.* — Il résulte de cette discussion que *les centres des sphères qui contiennent les deux systèmes de lignes de courbure sphériques d'une surface sont, ou sur une même droite, ou dans un même plan.*

*Lorsque les centres des sphères d'un même système sont sur une même droite, les centres des sphères de l'autre système sont dans un même plan perpendicu-*

*laire à cette droite ; de plus, si pour les premières sphères $\rho \cos \lambda$ est constant, elles contiennent toutes un même cercle qu'on peut toujours rendre réel par une dilatation convenable de la surface ; et si $\rho \cos \lambda$ est variable, les sphères de l'autre système passent par deux mêmes points qu'on peut toujours rendre réels.*

*Lorsque les centres des sphères d'un système sont dans un même plan, et que l'un des deux produits $\rho \cos \lambda$ ou $R \cos l$ est constant, les centres des sphères de l'autre système sont sur une même droite perpendiculaire à ce plan, et alors ou les sphères du premier système passent par deux mêmes points ou les sphères du second système contiennent un même cercle. Si aucun des deux produits $\rho \cos \lambda$, $R \cos l$ n'est constant, les centres des deux systèmes de sphères sont situés dans des plans rectangulaires, et les sphères de chaque système passent par deux mêmes points. En dilatant la surface d'une quantité convenable, on peut toujours rendre réels les points communs aux sphères de l'un au moins des deux systèmes.*

*Enfin, dans le cas où les sphères d'un système n'ont aucun point commun réel ou imaginaire, il existe entre la position du centre de ces sphères, leur rayon et l'angle sous lequel elles coupent la surface de certaines relations qui ont été établies dans la discussion précédente.*

Si l'on transforme par rayons vecteurs réciproques une surface à lignes de courbure sphériques, en prenant pour centre de transformation un point commun aux sphères d'un système, cette surface deviendra une surface à lignes de courbure planes dans les deux systèmes, ou à lignes de courbure planes dans un système et sphériques dans l'autre ; donc *les surfaces à lignes de courbure sphériques sont des transformées par rayons vecteurs réciproques des surfaces à lignes de courbure planes et à lignes de courbure planes et sphériques, ou des surfaces parallèles à ces transformées.*

*Surfaces dont les lignes de courbure d'un système sont des cercles, ou surfaces enveloppes de sphères.*

**6.** *Premier cas.* — Parmi les surfaces enveloppes de sphères, cherchons celles dont toutes les lignes de courbure sont planes.

On sait que les lignes de courbure d'un même système de ce genre de surfaces sont des cercles. Les lignes de courbure de l'autre système seront donc planes, si les plans de ces cercles sont parallèles à une même droite et coupent la surface sous un angle dont le cosinus est proportionnel au cosinus de l'angle, qu'ils forment avec un plan parallèle à la droite.

La première condition exige que les centres des sphères enveloppes soient sur une courbe plane ; la seconde va servir à déterminer la loi de variation du rayon de ces sphères.

Soit MN (*fig.* 25) le lieu des centres des sphères enveloppes : considérons deux sphères consécutives ayant pour centre O et O'; elles se coupent suivant un cercle de diamètre AB, dont le plan est perpendiculaire à la tangente OT. L'angle sous lequel le plan de ce cercle coupe la surface est égal à AOT. Il faut que le cosinus de cet angle soit proportionnel au cosinus de l'angle que le plan du cercle forme avec une certaine ligne XY située dans le plan de la courbe MN. Désignons par R le rayon de la sphère mobile, par $z$ l'ordonnée OP de la courbe MN, par $\lambda$ l'angle que le plan du cercle forme avec la surface, et par $\varphi$ l'angle que forme ce plan avec XY : nous avons

$$d\mathrm{R} = - \mathrm{OO}' \cos \lambda,$$
$$dz = - \mathrm{OO}' \cos \varphi,$$

d'où

$$\frac{d\mathrm{R}}{dz} = \frac{\cos \lambda}{\cos \varphi} = \mathrm{const} = m,$$

d'où enfin,

$$(1) \qquad\qquad \mathrm{R} = mz + m'.$$

On peut déplacer la ligne XY parallèlement à elle-même de manière que la constante $m'$ soit nulle; donc : *si le rayon de la sphère mobile varie proportionnellement à l'ordonnée de la courbe* MN, *la surface enveloppe aura toutes ses lignes de courbure plane.*

De plus, *les plans des lignes non circulaires passent tous par la droite* XY. En effet, la perpendiculaire AV au rayon OA va rencontrer la tangente OT en un point D de XY; dès lors, les lignes de courbure circulaires peuvent être regardées comme appartenant à des sphères dont les centres sont sur la droite XY et qui coupent la surface orthogonalement, et, d'après un théorème connu, les plans des lignes de courbure de l'autre système passent par la droite XY.

*Cas particulier.* — Si les plans des cercles coupent la surface orthogonalement, les lignes de courbure de l'autre système sont dans des plans parallèles et les sphères enveloppes ont le même rayon. La surface est alors une surface-canal dont la directrice est une courbe plane.

Si les plans des cercles sont parallèles, on voit facilement que la surface est de révolution.

Réciproquement, *si les lignes de courbure d'un système sont dans des plans passant par une même droite, et si les lignes de courbure de l'autre système sont*

*planes, ces dernières lignes ne peuvent être que des cercles ;* car il a été démontré
que ce sont des lignes sphériques.

*Second cas.* — Cherchons maintenant parmi les surfaces enveloppes de
sphères celles dont les lignes de courbure sont sphériques.

Considérons successivement le cas où les plans des cercles qui constituent
un système de lignes de courbure passent par un même point, le cas où ils
sont parallèles à une même droite, et celui où ils passent par une même
droite.

1° Les plans des cercles passent par le point O.

Le point O étant, par rapport à deux sphères consécutives quelconques,
dans le plan de leur cercle commun, est le centre radical de toutes les
sphères enveloppées; donc, en désignant par $\rho$ la distance du centre d'une
sphère au point O, et par R son rayon, on a, pour toutes les sphères,

$$(2) \qquad \rho^2 = R^2 + h^2,$$

$k^2$ étant une constante.

Pour que les lignes de courbure de l'autre système soient sphériques, il
faut que les plans des cercles coupent la surface sous un angle dont le cosinus soit proportionnel au cosinus de l'angle que ces mêmes plans forment
avec un plan fixe.

Prenons ce plan pour plan des $xy$ et soit MN la ligne qui contient les centres des sphères enveloppées ( *fig.* 26). Considérons les sphères qui ont
pour centres O et O'. Elles se coupent suivant le cercle AB dont le plan est
perpendiculaire à la tangente OT. L'angle que ce plan forme avec la surface
est égal à AOT. Désignons cet angle par $\lambda$, et appelons $\varphi$ l'angle que ce
même plan forme avec le plan $xcy$; cet angle $\varphi$ est le complément de l'angle
que la tangente OT fait avec le plan $xcy$. On a évidemment

$$d\mathrm{R} = \mathrm{OO}' \cos\lambda,$$
$$dz = \mathrm{OO}' \cos\varphi,$$

d'où

$$\frac{d\mathrm{R}}{dz} = m,$$

ou

$$(3) \qquad \mathrm{R} = mz + h.$$

La formule (2), par la substitution de cette valeur de R, devient

$$\rho^2 = (mz + h)^2 + k^2,$$

ou

$$(4) \qquad x^2 + y^2 + (1 - m^2)z^2 - 2mhz = k^2 + n.$$

C'est là l'équation d'une surface du second ordre qui est de révolution autour de l'axe des $z$.

Des équations (3) et (4) on déduit une génération très-remarquable d'une famille de surfaces enveloppes de sphères dont les lignes de courbure sont sphériques.

Si $m = 0$, on retrouve une surface-canal dont la directrice est une ligne sphérique.

2° Les plans des cercles sont parallèles à une même droite XY.

Les centres des sphères enveloppées doivent être dans un plan perpendiculaire à cette droite. Soient O, O' les centres de deux sphères consécutives qui se coupent suivant le cercle AB (*fig.* 27). Le plan de ce cercle doit former avec la surface un angle dont le cosinus soit proportionnel à sa distance à la droite XY. Désignons par $p$ cette distance, par R le rayon de la sphère de centre O, et par $\lambda$ l'angle sous lequel le plan du cercle AB coupe la surface. On doit avoir

$$p = m\cos\lambda :$$

mais

$$p = R\cos\lambda - r\cos COT,$$

$$\cos COT = -\frac{dx}{OO'} = \frac{dr\cos\lambda}{dR} :$$

donc

$$m = R - \frac{r\,dr}{dR}$$

ou

$$R\,dR - m\,dR = r\,dr,$$

d'où

$$(5) \qquad R^2 - mR = r^2 + m'.$$

Telle est la relation qui doit exister entre le rayon de chaque sphère enveloppée et la distance de son centre à un point fixe C.

3° Les plans des cercles passent par une même droite.

Les centres des sphères doivent être situés dans un plan perpendiculaire à la droite, et en appelant R le rayon d'une sphère et $\rho$ la distance de son centre à la droite, on doit avoir

$$(6) \qquad \rho^2 = R^2 + k^2,$$

$k^2$ étant une constante.

*Vu et approuvé.*

Le 8 juillet 1863.

Le Doyen de la Faculté des Sciences,

MILNE EDWARDS.

*Permis d'imprimer.*

Le 8 juillet 1863.

Le Vice-Recteur de l'Académie de Paris,

A. MOURIER.

# DEUXIÈME THÈSE.

## PROPOSITIONS DONNÉES PAR LA FACULTÉ.

Théorie du Potentiel, soit dans un corps étendu dans les trois dimen-
sions, soit d'une couche infiniment mince.

*Vu et approuvé.*
Le 8 juillet 1863.
Le Doyen de la Faculté des Sciences,
MILNE EDWARDS.

*Permis d'imprimer.*
Le 8 juillet 1863.
Le Vice-Recteur de l'Académie de Paris,
A. MOURIER.

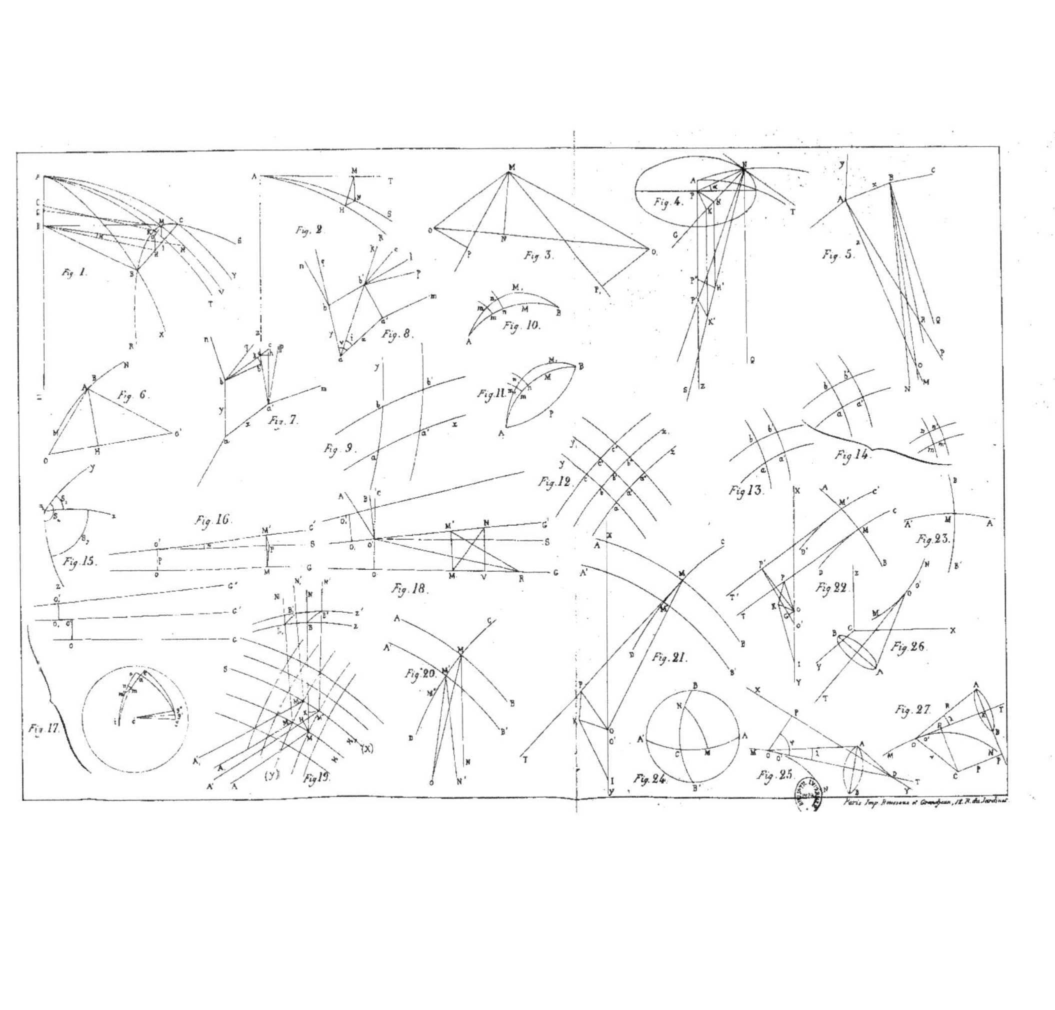



Paris Imp. Rousseau et Grandjean, 12, R. du Jardinet

PARIS. — IMPRIMERIE DE MALLET-BACHELIER,
RUE DE SEINE-SAINT-GERMAIN, 10, PRÈS L'INSTITUT.